U0587264

消防燃烧学基础

主 编/赵 宇 唐 超

副主编/白 露 罗海林 刘 云

重庆大学出版社

内容提要

本书主要讲述了燃烧基础、着火与灭火理论，并系统地介绍了气体、液体和固体可燃物的燃烧过程、燃烧形式、燃烧速率，以及爆炸的相关内容，同时，对木材、高聚物、金属等典型物质的燃烧进行了阐述，并结合我国近年来的火灾案例进行讨论，加强读者对相关概念及理论知识的理解。本书力求简洁清晰、通俗易懂，既突出了燃烧理论的基础性、知识性和系统性，又体现了消防燃烧学基础在建筑消防工程专业上的专业性、应用性和可拓展性。

本书既可作为职业教育建筑消防工程专业的教材，也可作为建筑电气、建筑设备、消防工程等专业学生及自学人员的参考用书。

图书在版编目（CIP）数据

消防燃烧学基础 / 赵宇，唐超主编. -- 重庆：重庆大学出版社，2023.1（2024.8 重印）
ISBN 978-7-5689-3636-1

Ⅰ. ①消…　Ⅱ. ①赵…②唐…　Ⅲ. ①消防—燃烧理论—教材　Ⅳ. ①TU998.12

中国版本图书馆 CIP 数据核字（2022）第 237965 号

消防燃烧学基础
XIAOFANG RANSHAOXUE JICHU

主　编　赵　宇　唐　超
副主编　白　露　罗海林　刘　云
策划编辑：苟荟羽
责任编辑：杨育彪　　版式设计：苟荟羽
责任校对：王　倩　　责任印制：张　策

*

重庆大学出版社出版发行
出版人：陈晓阳
社址：重庆市沙坪坝区大学城西路 21 号
邮编：401331
电话：（023）88617190　88617185（中小学）
传真：（023）88617186　88617166
网址：http://www.cqup.com.cn
邮箱：fxk@cqup.com.cn（营销中心）
全国新华书店经销
重庆华林天美印务有限公司印刷

*

开本：787mm×1092mm　1/16　印张：11.25　字数：276 千
2023 年 1 月第 1 版　2024 年 8 月第 2 次印刷
印数：2 001—4 000
ISBN 978-7-5689-3636-1　定价：39.00 元

前　言

　　消防燃烧学基础是建筑消防工程专业必备的专业基础课程。消防燃烧学是一门主要研究火灾的发生、发展和熄灭的基本规律,以及防火、防爆和灭火的一般原理的学科,具有很强的理论性和实践性。

　　学生通过本书的学习,可以较全面地了解火灾燃烧现象的本质、重要可燃物质的物理化学性质、燃烧和爆炸的基本原理、着火和灭火的基本理论以及气态、液态和固态可燃物燃烧或爆炸的基本规律;初步掌握以燃烧理论为基础来分析火灾中的现象,建立分析和解决实际问题的思维方法;增强学生的消防安全意识和自防自救能力。

　　本书由赵宇、唐超担任主编,白露、罗海林、刘云担任副主编。具体的编写分工如下:赵宇编写第一章、第二章、第四章及附录;李霞、唐超编写第三章;刘郭林、白露、游成旭编写第五章;唐超、刘云、胡人元、谭飞编写第六章;唐超、罗海林、刘云编写第七章。最后由赵宇负责全书的统稿和定稿工作。

　　本书的编写工作吸纳了许多专家、学者的研究成果,参考了相关作者的文章和著作,编者在此表示由衷的感谢。

　　由于编者的学识水平和实践经验有限,书中难免存在疏漏和不妥之处,敬请各位读者批评指正。

编　者

2022 年 1 月

MULU 目 录

第一章 绪 论

📖 **学习目标**

　　1. 了解燃烧(火)与人类文明的关系。

　　2. 了解人类对燃烧现象的认识过程。

　　3. 理解消防燃烧学基础在消防学科中的地位和作用。

　　4. 掌握消防燃烧学基础的特点。

📖 **能力目标**

　　1. 能够把消防燃烧学的燃烧本质运用到消防工程中。

　　2. 能够掌握消防燃烧学的特点,具备解决实际问题的能力。

一、燃烧(火)与人类文明的关系

　　燃烧俗称火,火与人类文明是息息相关的,火的出现和利用,对人类在生理、生活和生产等方面的发展起到了巨大的推动作用。首先,因为利用了火,人们才吃上了熟食,改变了茹毛饮血的生活。其次,火的利用,极大地推动了科学技术的发展。最初,火被用于酿造、制陶;后来,火又被用于冶炼;到了19世纪,由燃烧提供动力的蒸汽机的发明和广泛使用,促进了近代工业和资本主义的发展;直到今天,现代科技高度发达,但不论是人们的衣食住行,还是工农业的发展,都离不开火。总之,人类文明是伴随着火的应用而发展的。

　　然而,世界上的一切事物都有两面性,火虽然给人类带来了文明,但燃烧一旦失去控制,又会给人类带来灾难。这种在时间和空间上失去控制的燃烧所造成的灾害叫作火灾。一般而言,社会越发展,物质越丰富,火灾发生的频率就越高,造成的损失就越大。近几年来,我国的火灾形势十分严峻。因此,在最大限度地利用燃烧为人类服务的同时,如何防止火灾的发生,以及如何迅速地扑灭已发生的火灾,就成为消防科技工作者的一个重要研究课题。

　　联合国"世界火灾统计中心"提供的资料显示,发生火灾的直接损失,美国不到7年翻一番,中国平均12年翻一番,日本平均16年翻一番。据不完全统计,近年来全球范围内,每年发生的火灾有600万~700万起,死亡人数为65 000~75 000人。大多数国家的火灾直接损失占国民经济总产值的0.2%以上。实际上,发生火灾后除了直接损失,还有相当大的间接经济损失、灭火费用及社会影响,而且有的损失和后果在短期内是看不出来的。表1-1为中国 2010—2020 年的火灾损失情况。

表 1-1　中国 2010—2020 年的火灾损失情况

时间	火灾起数/万起	死亡人数/人	受伤人数/人	直接损失/亿元
2010 年	13.2	1 108	573	17.7
2011 年	12.5	1 108	571	20.6
2012 年	15.2	1 028	575	21.8
2013 年	38.9	2 113	1 637	48.5
2014 年	39.5	1 815	1 513	47.0
2015 年	34.7	1 899	1 213	43.6
2016 年	31.2	1 582	1 065	37.2
2017 年	28.1	1 390	881	36.0
2018 年	38.9	2 113	1 637	48.5
2019 年	23.3	1 335	837	36.12
2020 年	25.2	1 183	775	40.09

注:本表的统计不包含森林、草原、军队、矿井地下部分火灾。

二、人类对燃烧现象的认识过程

早在远古时代,人类就开始用火了。然而,人类真正认识火的本质,科学地解释这一现象,则是从氧的发现开始的,至今已有两百多年的历史。在古代,人们在用火的同时,产生了许多有关火的传说,例如我国的五行说:"金、木、水、火、土";古希腊的四元说:"水、土、火、气";古印度的四大说:"地、水、火、风"等,其中都有火。在古人看来,火是万物之源,火能化育万物。但由于科学技术和生产力水平的限制,人们在那时不可能再进一步探究火的本质。到了近代,随着科学技术的发展和生产力水平的不断提高,火在工业技术中的应用日益广泛,如制陶、冶金等,这就使人们迫切地想要弄清火的本质,于是产生了种种对燃烧现象的解释。其中影响最深、流行时间最长的一种学说是欧洲的燃素说。

燃素说认为,火是由无数的微粒构成的物质实体,这种微粒就是燃素。按照燃素说,所有的可燃物质都含有燃素,并在燃烧时释放出来,变成灰烬;不含燃素的物质不能燃烧;物质燃烧之所以需要空气,是由于空气能够吸收燃素。燃素说曾解释过许多燃烧现象,并对科学的发展起过一定的积极作用,但燃素说毕竟是一种凭空臆造出来的学说,因此它不能解释全部的燃烧现象,也必定经不住实践的考验。燃素说在欧洲流行了一个多世纪,虽然许多人对它提出了怀疑,但谁也提不出更好的理论。直到 18 世纪下半叶,氧被发现后,燃烧的秘密才被揭开,从而彻底推翻了燃素说,建立了氧化学说。

1773 年和 1774 年,瑞典化学家舍勒与英国化学家普里斯特利分别在实验室中发现了氧。在此基础上,法国化学家拉瓦锡进行了大量的实验,通过对实验结果的归纳和分析,终于在人类历史上第一次提出了科学的燃烧学说——氧化学说。拉瓦锡于 1777 年 9 月综合了前五年间的研究成果,向巴黎科学院提交了一篇名为《燃烧概论》的论文,批判了燃素说的

错误,全面、系统地阐述了新理论,即"燃烧的氧化学说"。其要点如下:

①物质燃烧时放出光和热。

②物质只有在氧存在时才能燃烧。

③空气由两种成分组成。物质在空气中燃烧时吸收了其中的氧,因而增重;燃烧后增加的质量恰等于吸收的氧气的质量。

④一般的可燃物质(非金属)燃烧后变为酸,氧是酸的本原,一切酸中都含有氧元素。金属煅烧后变为煅灰即金属氧化物。

拉瓦锡关于燃烧的氧化学说终于让人们认清了燃烧的本质,并从此取代了燃素说,统一地解释了许多化学反应的实验事实,为化学发展奠定了重要的基础。现代化学表明,燃烧是可燃物与氧化剂作用发生的放热反应,通常伴有火焰、发光和发烟现象。由此可见,燃烧的氧化学说距离现代燃烧学说只有一步之遥了。

19世纪中叶,工业革命的成功促进了化学工业的蓬勃发展,分子学说的建立,使得人们开始使用热化学及热力学的方法来研究燃烧现象,相继发现了燃烧热、绝热燃烧温度、燃烧产物平衡成分等燃烧特性。20世纪初期,苏联化学家谢苗诺夫和美国科学家刘易斯等发现燃烧具有分支链式反应的特点。20世纪20年代,苏联科学家泽尔多维奇、弗兰克·卡梅涅茨基及美国的刘易斯等人又进一步发现燃烧过程是化学动力学与传热、传质等物理因素的相互作用的过程,并建立了着火和火焰传播理论。20世纪中叶,科学家们在对预混火焰、扩散火焰、层流火焰及湍流火焰,还有液滴及碳颗粒的燃烧进行深入研究之后,才发现主导燃烧过程的不仅仅是化学动力学,流体动力学也是重要的影响因素之一。至此,燃烧理论初步完成。20世纪50~60年代,航天航空技术的发展使燃烧基础的研究扩展到喷气发动机、火箭等问题中,美国力学家冯·卡门与中国科学家钱学森提出了使用连续介质力学方法来研究燃烧问题。另外,许多科学家运用黏性流体力学和边界层理论对层流燃烧、湍流燃烧、着火、灭火、火焰稳定和燃烧振荡等问题进行了定量分析,最终发展为"反应流体力学"。20世纪后期,英国科学家斯堡尔汀等人用计算流体力学的方法来研究燃烧问题,将燃烧学、反应流体力学、计算流体力学和燃烧室工程设计有效地结合起来,开辟了研究燃烧理论及其应用的新途径。之后,激光技术和气体分析技术开始应用于直接测量燃烧过程中气体和颗粒的温度、速度、组分浓度等参数,而这些测量结果加深了人们对燃烧现象的认识。随后,燃烧基础开始与湍流理论、多相流体力学、辐射传热学和复杂反应的化学动力学等交叉渗透,将燃烧理论发展到了更高的阶段。燃烧基础的研究对科技、经济、军事发展均具有重要意义,而燃烧的发生、发展和熄灭规律的研究则对消防工程具有重要的指导意义。

三、消防燃烧学的研究对象

消防燃烧学是一门系统研究火灾发生、发展和熄灭规律,以及防火、防爆和灭火的一般原理的学科,其着重研究物质燃烧的本质、发生、发展和熄灭的基本规律,着火与灭火基本理论,可燃气体的燃烧,可燃液体的燃烧,可燃固体的燃烧以及防火、防爆和灭火的一般原理等内容。

四、消防燃烧学在消防学科中的地位和作用

消防燃烧学是消防工程专业的重要基础理论之一。它为消防各专业的基础理论与专业

理论学习架起了一座桥梁,又为诸如建筑防火、工业企业防火、电气防火、核电站消防、灭火技术、火因鉴定等众多其他行业的防火、灭火提供燃烧理论基础。另外,燃烧理论与有关设计知识结合,可以为物质燃烧性能的评估提供理论依据;燃烧理论与有关管理知识结合,可以使消防管理工作更为系统、更为科学。因此,消防燃烧学对夯实消防工程相关专业的基础是非常重要的。

学习消防燃烧学,可以掌握各种物质的燃烧条件和规律,以防止火灾的发生。任何物质发生燃烧,都需要一定的外界条件并遵循一定的规律。只有具备这些条件,火灾才能按照一定的规律发生。研究认识这些燃烧规律,消除这些着火条件,就能防止火灾的发生;也能了解各种物质热爆炸的规律,以防爆炸事故的发生。无论可燃气体、可燃液体的蒸气,还是可燃粉尘,当它们与空气按一定比例混合后,遇火源均会发生爆炸,这种因燃烧引起的爆炸,习惯上称为"热爆炸"。可燃气与空气混合后,在一定条件下还会产生破坏性比爆炸更大的爆轰现象。爆炸和爆轰的发生都必须具备一定的条件,并遵循一定的规律。研究认识这些规律,在实际工作中消除某些相关条件,就能防止爆炸或爆轰的发生,还能掌握物质燃烧的规律和灭火条件,制订出最有效的灭火方案,尽快将火扑灭,使火灾损失减少到最低程度。

上述分析表明,火灾认识科学化和火灾防治工程化是当今消防科技的根本变革,消防燃烧学的基本理论已然成为消防安全管理、火灾扑救、防火灭火、火因鉴定等的应用基础,只有不断地发展和应用消防燃烧学,才能满足不断涌现的消防安全新需求。

五、消防燃烧学的特点

消防燃烧学是一门新兴学科。它是消防学科的基础理论部分,研究对象丰富,不仅研究不断扩充发展的燃烧反应的条件、防火灭火、火灾评估及火因鉴定等,还研究燃烧过程的复杂性,比如涉及从一间房、一栋楼到建筑群、森林、草原等较大空间的燃烧。

消防燃烧学是一门交叉学科。火灾燃烧是一个受多种物理和化学因素影响的复杂过程,例如,影响一般化学反应的因素,必然会影响燃烧这种特殊的化学反应;燃烧反应产生的热量要传递,热量的传递会引起温度场变化,而温度场变化又会对燃烧产生影响;可燃物、助燃物及产物在燃烧过程中的混合、扩散、流动都直接影响燃烧的进程。因此,消防燃烧学是在基础化学、化学动力学、化学热力学、传热传质学和流体力学等学科的结合点上发展起来的交叉学科。

消防燃烧学是一门实验性很强的学科。火灾燃烧的规律兼有确定性和随机性,研究的主要手段是针对其确定性的模拟研究和针对其随机性的统计分析以及二者的综合。因此,大规模实验技术、小规模模拟实验技术以及计算机模拟技术等在本学科的研究中得到了广泛应用。通过实验,可总结出很多燃烧或爆炸现象的规律和特性。

消防燃烧学是一门不断发展的学科。由于火灾燃烧的复杂性,消防燃烧学还很不完善,有的内容还处于一种描述性、半经验性的阶段,对于不少问题还只能给出定性的解释。但是,人类与火灾斗争实践的迫切需要,通过实践和实验积累资料的不断丰富,必将促进消防燃烧学这门学科的迅速发展。

📖 思考题

结合最近几年发生的火灾案例,试说明"消防燃烧学基础"课程的重要性。

第二章　燃烧基础

第一节　燃烧的本质

一、燃烧

　　燃烧是指可燃物与氧化剂作用发生的放热反应,通常伴有火焰、发光和(或)发烟的现象。燃烧区的温度较高,使其中白炽的固体粒子和某些不稳定(或受激发)的中间物质分子内电子能级跃迁,从而发出各种波长的光。发光的气相燃烧区就是火焰,它的存在是燃烧过程中最明显的标志。由于燃烧不完全等原因,产物中混有一些微小颗粒,这样就形成了烟。

　　从本质上讲,燃烧是一种氧化还原反应,但其放热、发光、发烟、伴有火焰等基本特征表明它不同于一般的氧化还原反应。当然以上定义是燃烧的一般化学上的定义,其还有更广泛的定义,即燃烧是任何发光发热的剧烈反应,不一定要有氧气参加,也不一定是化学反应。

　　例如:

$$2Na+Cl_2 = 2NaCl \tag{2-1}$$

$$H_2+Cl_2 = 2HCl \tag{2-2}$$

　　式(2-1)和式(2-2)的反应,虽然没有氧气参加,但也是剧烈的发光发热的化学反应,同样属于燃烧范畴。本书中所描述的燃烧是指一般化学上定义的燃烧。

　　如果燃烧反应速度极快,则因高温条件下产生的气体和周围气体共同膨胀作用,反应能量直接转化为机械功,在压力释放的同时产生强光、热和声响,这就是所谓的爆炸。它与燃烧没有本质差别,而是燃烧的常见表现形式。根据以上描述,爆炸是在极短时间内,释放出大量的热量,产生高温,并放出大量气体,在周围介质中造成高压的化学反应或状态变化。

现在,人们发现很多燃烧反应不是直接进行的,而是通过游离基团和原子这些中间产物在瞬间进行的循环链式反应。这里,游离基的链式反应是燃烧反应的实质,光和热是燃烧过程中的物理现象。

二、燃烧与氧化

燃烧是可燃物与氧或其他氧化剂进行的氧化还原反应。但由于氧化速率的不同,或成为燃烧反应,或成为一般的氧化反应。剧烈氧化的结果,放热发光,成为燃烧;而一般氧化,仅是缓慢的化学反应,达不到剧烈的程度,产生的热量较小,并随时散发掉,没有发光现象,因而不是燃烧。所以,氧化与燃烧都是同一种化学反应,只是反应的速率和产生的现象不同而已。氧化包括燃烧,而燃烧则是氧化反应的特例,也就是说,物质燃烧是氧化反应,而氧化反应不一定都是燃烧;能够被氧化的物质不一定都能燃烧,而能燃烧的物质一定能够被氧化。

因此,判断物质是否发生了燃烧反应,可根据"化学反应、放出热量、发出光亮"这三个特征,区别燃烧现象和非燃烧现象。

📖 思考题

1. 燃烧的本质是什么?
2. 简述燃烧与氧化的关系。

第二节　燃烧的条件及应用

📖 学习目标

1. 了解可燃物、助燃物和点火源的概念。
2. 掌握燃烧反应发生的条件。
3. 掌握燃烧条件在消防中的应用。

📖 能力目标

1. 能够区分燃烧的必要条件和充分条件。
2. 能够把燃烧条件充分运用到消防中,解决实际问题。

一、燃烧条件

燃烧可分为有焰燃烧和无焰燃烧。通常看到的明火都是有焰燃烧;有些固体发生表面燃烧时,有发光发热的现象,但是没有火焰的产生,这种燃烧方式是无焰燃烧。

(一)燃烧的必要条件

燃烧的发生和发展,必须具备三个必要条件,即可燃物(还原剂)、助燃物(氧化剂)和点火源(引火源),通常称为燃烧三要素。上述三个条件必须同时具备,燃烧才能发生,无论缺少哪一个条件,燃烧都不能发生。

1.可燃物(还原剂)

不论是气体、液体还是固体,也不论是金属还是非金属,无机物还是有机物,凡是能与空气中的氧或其他氧化剂起燃烧反应的物质,均称为可燃物,如氢气、乙炔、酒精、汽油、木材、纸张、硫、磷、钾、钠等。可燃物按其化学组成,可分为无机可燃物和有机可燃物两大类;按其所处的状态,又可分为可燃固体、可燃液体和可燃气体三大类。

2.助燃物(氧化剂)

凡是与可燃物结合能导致或支持燃烧的物质,都叫作助燃物,如空气(氧气)、氯气、氯酸钾、高锰酸钾、过氧化钠等。空气是最常见的助燃物,本书中如无特别说明,可燃物的燃烧都是指在空气中进行的。在一定条件下,各种不同的可燃物发生燃烧,均有本身固定的最低氧含量要求。氧含量过低,即使其他条件已经具备,燃烧仍不会发生。

3.点火源(引火源)

凡是能引起物质燃烧的点燃能源,统称为点火源。在一定条件下,各种不同的可燃物只有达到一定能量才能引起燃烧。常见的点火源有以下几种。

(1)明火。明火是指生产、生活中的炉火、烛火、焊接火、飞火等。

(2)电弧、电火花。电弧、电火花是指电气设备、电气线路、电气开关及漏电打火,电话、手机等通信工具火花,静电火花等。

(3)雷击。雷击瞬间高压放电能引燃任何可燃物。

(4)高温。高温是指高温加热、烘烤、积热不散、机械设备故障发热、摩擦发热、聚积发热等。

燃烧能发生时,三要素可表示为封闭的三角形,通常称为着火三角形,如图2-1所示。

图2-1　着火三角形

要使燃烧发生,不仅需要满足三要素的条件,而且需要三者达到一定量的要求,并且存在相互作用的过程。对于有焰燃烧,还包括未受抑制的链式反应。

(二)燃烧的充分条件

1.一定的可燃物浓度

可燃气体或蒸气只有达到一定浓度,才会发生燃烧或爆炸。例如,常温下用明火接触煤油,煤油并不立即燃烧;灯用煤油在40 ℃以下、甲醇在低于7 ℃时,液体表面的蒸气量均不能达到燃烧所需的浓度。

2. 一定的助燃物浓度

各种可燃物燃烧,均有本身固定的最低氧含量要求。例如,汽油的最低氧含量要求为14.4%,煤油为15.0%,乙醚为12.0%,低于这个值,即使其他必要条件已经具备,燃烧仍不会发生。常见可燃物燃烧所需要的最低氧含量见表2-1。

表 2-1　常见可燃物燃烧所需要的最低氧含量

可燃物名称	最低氧含量/%	可燃物名称	最低氧含量/%	可燃物名称	最低氧含量/%
氢气	5.9	丙酮	13.0	黄磷	10.0
乙炔	3.7	二氧化硫	10.5	多量棉花	8.0
乙醚	12.0	汽油	14.4	橡胶屑	12.0
乙醇	15.0	煤油	15.0	蜡烛	16.0

3. 一定的点火源能量

无论何种形式的引火源,都必须达到一定的强度才能引起燃烧反应,所需引火源的强度,取决于可燃物质的最小点火能量即引燃温度,低于这一能量,燃烧便不会发生。不同的可燃物质燃烧所需的引燃温度各不相同。如汽油的最小点火能量为 0.2 mJ,乙醚(5.1%)的最小点火能量为 0.19 mJ。常见可燃物的最小点火能量见表2-2。

表 2-2　常见可燃物的最小点火能量

物质名称	最小点火能量/mJ	物质名称	最小点火能量/mJ
汽油	0.2	乙炔(7.72%)	0.019
氢(29.5%)	0.019	甲烷(8.5%)	0.28
丙烷(5%~5.5%)	0.26	乙醚(5.1%)	0.19
甲醇(12.24%)	0.215	苯(2.7%)	0.55

4. 链式反应自由基

自由基是一种高度活泼的化学基团。能与其他自由基和分子起反应,从而使燃烧按链式反应的形式扩展,也称游离基。

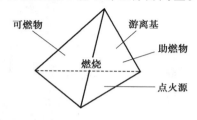

图 2-2　着火四面体

研究表明,大部分燃烧的发生和发展除具备上述三个必要条件外,其燃烧过程中还存在未受抑制的自由基作中间体。多数燃烧反应不是直接进行的,而是通过自由基团和原子这些中间产物瞬间进行的循环链式反应。自由基的链式反应是这些燃烧反应的实质,光和热是燃烧过程中的物理现象。大部分燃烧发生和发展需要四个必要条件,即可燃物、助燃物(氧化剂)、点火源(温度)和链式反应自由基,燃烧条件可以进一步用着火四面体来表示,如图2-2所示。四个必要条件分别对应图中四面体的四个面。

二、燃烧条件在消防中的应用

根据燃烧发生的条件,便可确定防火和灭火的基本原理。对于防火则主要是防止着火条件的形成;而对于灭火,则要破坏已形成的燃烧条件。正确应用燃烧条件是进行火灾预防和扑救的基础。

(一)根据燃烧的必要条件进行火灾预防

火灾预防就是防止火灾发生和(或)限制燃烧条件互相结合、互相作用。

1. 控制可燃物

在生产生活中,可根据不同情况采取不同措施进行火灾预防。用不燃或难燃的材料代替易燃或可燃的材料;用防火涂料刷涂可燃材料,改变其燃烧性能;对于具有火灾、爆炸危险性的厂房,采取通风方法以降低易燃气体、蒸气和粉尘在厂房空气中的浓度,使之不超过最高允许浓度;将相互作用能产生可燃气体或蒸气的物质分开存放;在森林中采用防火隔离林等。

2. 隔绝空气

涉及易燃、易爆物质的生产过程,应在密闭设备中进行;对有异常危险的操作过程,停产后或检修前,用惰性气体吹洗置换;对乙炔生产、甲醇氧化、TNT 球磨等特别危险的生产,可充装氮气保护;隔绝空气储存某些易燃、易爆物质等。

3. 消除点火源

在生活、生产中,可燃物和空气是客观存在的,绝大多数可燃物即使暴露在空气中,若没有点火源作用,也是不能着火(爆炸)的。从这个意义上来说,控制和消除点火源是防止火灾发生的关键。比如,在易产生可燃性气体的场所,应采用防爆电器,同时禁止一切火种等。

4. 防止形成新的燃烧条件,阻止火势扩散蔓延

一旦发生火灾,应千方百计迅速把火灾或爆炸限制在较小的范围内,防止火势蔓延扩大。限制火灾爆炸扩散的措施,应在城乡建筑、生产工艺设计开始时就要加以统筹考虑。对于建筑的布局、结构以及防火防烟分区、工艺装置和各种消防设施的布局与配置等,不仅要考虑节省土地和投资,有利于生产、方便生活,而且更要确保安全。根据不同情况,可采取下列措施:在建筑物内设置防火防烟分区;建筑间筑防火墙、留防火间距;对危险性较大的设备和装置,采取分区隔离、露天布置和远距离操作的方法;在能形成可爆介质的厂房、库房、工段,设泄压门窗、轻质屋盖;安装安全可靠的液封井、水封井、阻火器、单向阀、阻火闸门、火星熄灭器等阻火设备;装置一定的火灾自动报警、自动灭火设备或固定、半固定的灭火设施,以便及时发现和扑救初起火灾等。

(二)根据燃烧的充分条件选择灭火方法

灭火就是控制和破坏已经形成的燃烧条件,或者使燃烧反应中的游离基消失,以迅速阻止物质的燃烧,最大限度地减少火灾损失。根据燃烧条件和同火灾做斗争的实践经验,灭火的基本原理有以下 4 种。

1. 隔离法

隔离法就是将正在燃烧的物质与未燃烧的物质隔开或疏散到安全地点,燃烧会因缺乏可燃物而熄灭。这是扑灭火灾比较常用的方法,适用于扑救各种火灾。

在灭火中,根据不同情况,可具体采取下列方法:

关闭可燃气体、液体管道的阀门,以减少和阻止可燃物进入燃烧区;将火源附近的可燃、易燃、易爆和助燃物品搬走;排除生产装置、容器内的可燃气体或液体;设法阻挡流散的液体;拆除与火源毗连的易燃建(构)筑物,形成阻止火势蔓延的空间地带;用高压密集射流封闭的方法扑救井喷火灾等。

2. 窒息法

窒息法就是隔绝空气或稀释燃烧区的空气含氧量,使可燃物得不到足够的氧气而停止燃烧。它适用于扑救容易封闭的容器设备、房间、洞室或船舱内的火灾。

在灭火中根据不同情况,可具体采取下列方法:

用干砂、石棉被、帆布等不燃或难燃物捂盖燃烧物,阻止空气进入燃烧区,使已燃烧的物质得不到足够的氧气而熄灭;用水蒸气或惰性气体灌注容器设备稀释空气;条件允许时,也可用水淹没的窒息方法灭火;密闭起火的建筑、设备的孔洞和洞室;用泡沫覆盖在燃烧物上使之得不到氧气而熄灭。

3. 冷却法

冷却法就是将灭火剂直接喷射到燃烧物上,让燃烧物的温度降到低于燃点,使燃烧停止;或者将灭火剂喷洒在火源附近的物体上,使其不受火焰辐射热的威胁,避免形成新的火点,将火灾迅速控制和消灭。最常见的方法,就是用水来冷却灭火。比如,一般房屋、家具、木柴、棉花、布匹等可燃物质都可以用水来冷却灭火。二氧化碳灭火剂的冷却效果也很好,可以用来扑灭精密仪器、文书档案等贵重物品的初期火灾,还可用水冷却建(构)筑物、生产装置、设备容器,以减弱或清除火焰辐射热的影响。但采用水冷却灭火时,应首先掌握"不见明火不射水",当明火焰熄灭后,应不再大量用水灭火,防止水渍引发的损失。同时,对不能用水扑救的火灾,切忌用水灭火。

4. 化学抑制法

化学抑制法基于燃烧是一种链式反应的原理,使灭火剂参与燃烧的链式反应,销毁燃烧过程中产生的游离基,并形成稳定分子或低活性游离基,从而使燃烧反应终止,以达到灭火目的。

在火场上究竟采用哪种灭火方法,应根据燃烧物质的性质、燃烧特点和火场的具体情况以及消防装备的性能进行选择。有些火场往往需要同时使用几种灭火方法,比如干粉灭火时,还要采用必要的冷却降温措施,以防复燃。

📖 思考题

1. 简述燃烧的必要条件和充分条件。

2. 火灾预防的基本原理是什么?

3. 根据燃烧条件简述灭火的基本原理。

第三节　燃烧反应速度理论

　　着火条件剖析、火势发展快慢估计、燃烧历程研究及灭火条件剖析等,都用到燃烧反应速度方程,此方程可以根据化学动力学理论得到。

一、燃烧反应速率的基本概念

　　化学反应进行的快慢,可以用单位时间内在单位体积中反应物消耗或生成物的物质的量来衡量,称为反应速率,用公式表述为

$$w = \frac{\mathrm{d}n}{V \cdot \mathrm{d}t} = \frac{\mathrm{d}c}{\mathrm{d}t} \tag{2-3}$$

式中　w——反应速率,$\mathrm{mol}/(\mathrm{m}^3 \cdot \mathrm{s})$;

　　　　V——体积,m^3;

　　　　$\mathrm{d}n$,$\mathrm{d}c$——物质摩尔数与摩尔浓度①变化量,mol 与 $\mathrm{mol}/\mathrm{m}^3$;

　　　　$\mathrm{d}t$——发生变化时间,s。

　　虽然用反应物浓度变化与用生成物浓度变化得出的反应速率值不同,但是它们之间存在单值计量关系,这可由化学反应式得到。如已知任一反应方程式 $a\mathrm{A} + b\mathrm{B} \rightarrow e\mathrm{E} + f\mathrm{F}$,反应速率可写成

$$w_{\mathrm{A}} = -\frac{\mathrm{d}c_{\mathrm{A}}}{\mathrm{d}t}; \quad w_{\mathrm{B}} = -\frac{\mathrm{d}c_{\mathrm{B}}}{\mathrm{d}t} \tag{2-4}$$

　　以上反应速率之间有如下关系

$$\frac{w_{\mathrm{A}}}{a} = \frac{w_{\mathrm{B}}}{b} = \frac{w_{\mathrm{E}}}{e} = \frac{w_{\mathrm{F}}}{f} = w \tag{2-5}$$

---

　　① 摩尔数即物质的量;摩尔浓度即物质的量浓度。

式(2-5)中,w 代表反应系统化学反应速率,其数值是唯一的,称为系统反应速率。

二、质量作用定律

通常用化学计量方程式来表达反应前后反应物与生成物之间的数量关系。这种表达式描述的只是反应总体情况,没有说明反应的实际过程,即未给出反应过程中经历的中间过程。例如氢与氧化合生成水可用 $2H_2+O_2 \Longrightarrow 2H_2O$ 表达,但实际上 H_2 与 O_2 需要经过若干步反应才能转化为 H_2O。

反应物分子在碰撞中一步转化为产物分子反应,称为基元反应。一个化学反应从反应物分子转化为最终产物分子往往需要经历若干个基元反应才能完成。实验证明:对于单相化学基元反应,在等温条件下,任何瞬间化学反应速度与该瞬间各反应物浓度某次幂乘积成正比。在基元反应中,各反应物浓度的幂次等于该反应物化学计量系数。

这种化学反应速度与反应物浓度之间关系的规律,称为质量作用定律。其简单解释为:化学反应是由于反应物各分子之间碰撞后产生的,因此单位体积内分子数目越多,即反应物浓度越大,反应物分子与分子之间碰撞次数就越多,反应过程进行得就越快,这样,化学反应速度与反应物浓度成正比。对于反应式 $aA+bB \longrightarrow eE+fF$,根据质量作用定律可以得出化学反应速度方程为

$$V = KC_A^a C_B^b \tag{2-6}$$

式中　K——反应速度常数,其值等于反应物为单位浓度时的反应速率;

　　　a,b——反应级数。

必须指出,质量作用定律只适用于基元反应,因为只有基元反应才能代表反应进行的真实途径。对于非基元反应,只有分解为若干个基元反应时,才能逐个运用质量作用定律。

三、阿伦尼乌斯定律

大量实验证明:反应温度对化学反应速度影响很大,同时这种影响也很复杂,但是最常见的情况是反应速度随着温度升高而加快。范特霍夫近似规则认为:对于一般反应,如果初始浓度相等,温度每升高 10 ℃,反应速度加快 2~4 倍。

温度对反应速度的影响,集中反映在反应速度常数 K 上。阿伦尼乌斯提出了反应速度常数 K 与反应温度 T 之间有如下关系

$$K = K_0 \exp\left(-\frac{E}{RT}\right) \tag{2-7}$$

式中　K_0——频率因子,与 K 单位相同;

　　　E——活化能,J/mol 或 kJ/mol;

　　　R——通用气体常数,J/(mol·K)。

式(2-7)所表达关系通常称为阿伦尼乌斯定律,它不仅适用于基元反应,而且也适用于具有明确反应级数与速度常数的复杂反应。

将式(2-7)两边取对数,得

$$\lg K = -\frac{E}{2.303RT} + \lg K_0 \tag{2-8}$$

由式(2-8)看出:$\lg K$ 对 $\frac{1}{T}$ 作图,可得到一条直线,由其斜率可求 E,由其截距可求 K_0。根

据质量作用定律与阿伦尼乌斯定律,可得出基元反应速度方程,即

$$v = K_0 C_A^a C_B^b \exp\left(-\frac{E}{RT}\right) \tag{2-9}$$

四、燃烧反应速度方程

假定在燃烧反应中,可燃物浓度为 C_F,反应系数为 x,助燃物(主要指空气)浓度为 C_{ox},反应系数为 y;频率因子为 K_{os};活化能为 E_s,反应温度为 T_s。这样,仿照式(2-9)可写出燃烧反应速度方程,即

$$v_s = K_{os} C_F^x C_{ox}^y \exp\left(-\frac{E_s}{RT_s}\right) \tag{2-10}$$

在处理某些燃烧问题时,常假定反应物浓度为常数,因此各种物质浓度比也为常数,一种物质浓度可由另一种物质浓度来表示。例如在式(2-10)中,设 $C_{ox}^y = m \cdot C_F$,m 为常数,且反应级数为 n,$n = x + y$,则式(2-10)可表示为

$$v_s = K_{ns} C_F^n \exp\left(-\frac{E_s}{RT_s}\right) \tag{2-11}$$

式中,$K_{ns} = K_{os} m^y$ 对大多数碳氢化合物燃烧反应,反应级数都近似等于 2,且 $x = y = 1$,因此燃烧反应速度方程可写为

$$v_s = K_{ns} C_F C_{ox} \exp\left(-\frac{E_s}{RT_s}\right) \tag{2-12}$$

假定反应物浓度为常数,燃烧反应速度方程可写为

$$v_s = K_{ns} C_F^2 \exp\left(-\frac{E_s}{RT_s}\right) \tag{2-13}$$

在实际工作中,用质量相对浓度表示物质浓度时,使用起来比较方便。这样,式(2-13)可表示为如下常见形式

$$v_s = K_{os}' \cdot \rho_\infty^2 \cdot f_F \cdot f_{os} \cdot \exp\left(-\frac{E_s}{RT_s}\right) \tag{2-14}$$

即

$$v_s = K_{ns}' \cdot \rho_\infty^2 \cdot f_F^2 \cdot \exp\left(-\frac{E_s}{RT_s}\right) \tag{2-15}$$

式(2-14)推导过程为:假定可燃物与助燃物摩尔质量分别为 M_F、M_{ox},质量浓度分别为 ρ_F、ρ_{ox},燃烧反应过程总质量浓度为 ρ_∞,可燃物与助燃物质量相对浓度分别为 f_F、f_{ox},根据质量浓度与摩尔浓度之间关系,有

$$f_F = \frac{\rho_F}{\rho_\infty}; f_{ox} = \frac{\rho_{ox}}{\rho_\infty} \tag{2-16}$$

$$C_F = \frac{f_F C \rho_\infty}{M_F}; C_{ox} = \frac{f_{ox} \cdot \rho_\infty}{M_{ox}} \tag{2-17}$$

将式(2-16)和式(2-17)代入式(2-12)得

$$v_s = K_{os} \frac{1}{M_F} \frac{1}{M_{ox}} \rho_\infty^2 f_F f_{ox} \exp\left(-\frac{E_s}{RT_s}\right) \tag{2-18}$$

式中　　M_F——可燃物的摩尔质量，g/mol；

$\quad\quad\quad M_{ox}$——助燃物的摩尔质量，g/mol；

$\quad\quad\quad \rho_\infty$——燃烧反应过程的总质量浓度，$kg/m^3$；

$\quad\quad\quad f_{ox}$——可燃物的质量分数，%；

$\quad\quad\quad f_F$——助燃物的质量分数，%。

令　$K'_{os} = K_{os} \cdot \dfrac{1}{M_F} \cdot \dfrac{1}{M_{ox}}$

则

$$V_S = K'_{os} \rho_\infty^2 f_F f_{ox} \exp\left(\frac{E_s}{RT_s}\right) \tag{2-19}$$

需要特别指出是，由于燃烧反应都不是基元反应，而是复杂反应，因此都不严格服从质量作用定律与阿伦尼乌斯定律。所以在上面公式中 $K_{os}(K'_{os})$ 与 E_s 都不再具有直接的物理意义，只是由试验得出表观数据。常见可燃物质的 K'_{os} 与 E_s 见表2-3。

表2-3　常见可燃物质的 K'_{os} 和 E_s

物质名称	$K'_{os}/(L \cdot mol^{-1} \cdot s^{-1})$	$E_s/(J \cdot mol^{-1})$
甲烷+空气	2×10^{14}(558 K)	121.22×10^3
异辛烷+空气	5.4×10^{13}(400 K)	16.72×10^3
丁烷+空气	5.4×10^{13}(400 K)	87.78×10^3
正己烷+空气	5.4×10^{13}(400 K)	23.32×10^3
正辛烷+空气	5.4×10^{13}(400 K)	16.72×10^3
氨+氧气	5.4×10^{13}(400 K)	206.91×10^3
苯+空气	5.4×10^{13}(400 K)	172.22×10^3
氢+氟	1.6×10^{12}(313 K)	209.00×10^3
丙烷+空气	2×10^{14}(387 K)	129.58×10^3
氢+氧气	1.6×10^{12}(313 K)	75.24×10^3
乙烯+空气	5.4×10^{13}(400 K)	172.22×10^3

上述燃烧反应速度方程式是根据气态物质推导出来的近似公式，由此公式可以得出一些有用的结论，对火灾扑救具有重要意义。如在火灾现场，可燃物与氧气浓度越低，燃烧反应速度越慢，这是灭火救援中窒息法的理论依据；火灾现场温度越低，燃烧反应速度越慢，这是灭火救援中冷却灭火法的理论依据；可燃物活化能（用来破坏反应物分子内部化学键所需要能量）越高，燃烧反应速度越慢；等等。

需要说明的是，上述方程式不适用于表述液态和固态可燃物的燃烧，因为对气态可燃物而言，液态与固态可燃物的燃烧反应过程更加复杂，这是因为其中伴有蒸发、熔融、裂解等现象。

思考题

1. 燃烧反应速度方程是如何得出的?
2. 影响燃烧反应速度方程的因素有哪些?

第四节　燃烧空气量的计算

学习目标

1. 了解燃烧反应方程式的书写规律。
2. 掌握纯净物完全燃烧所需空气量的计算。

能力目标

1. 能够正确书写燃烧反应方程式。
2. 能计算一定量的可燃物燃烧时的空气需要量,并能够解决实际问题。

一、燃烧反应方程式

描述参加燃烧反应的各种物质变化过程的表达式,称为燃烧反应方程式。可燃物的燃烧一般是在空气中进行的。在空气中,氧气约占 21%(体积百分比),氮气约占 79%(体积百分比),即 $V_{O_2}:V_{N_2}=1:3.76$,N_2 在燃烧中一般不参加化学反应,但空气中的 N_2 总是与参加化学反应的 O_2 按一定的比例(1:3.76)进入燃烧体系。也就是说,燃烧中只要有 1 体积(或摩尔)的 O_2 参加反应,就必然有 3.76 体积(或摩尔)的 N_2 参与,从而需要 4.76 体积(或摩尔)的空气。因此,研究物质的燃烧反应,必须考虑 N_2 的参与,并将相应量的 N_2 写入燃烧反应方程式。

例如,碳完全燃烧的化学反应方程式 $C+O_2 =\!=\!= CO_2$,每燃烧 1 mol 的 C,就要消耗 1 mol 的 O_2,也必然有 3.76 mol 的 N_2 同时被带入燃烧体系,必须考虑 N_2 的参与,并将相应量的 N_2 写入燃烧反应方程式。

$$C+O_2+3.76N_2 =\!=\!= CO_2+3.76N_2+Q \qquad (2\text{-}20)$$

又如,氢气和甲烷的燃烧反应方程式分别为

$$H_2+\frac{1}{2}O_2+\frac{1}{2}\times3.76N_2 = H_2O+\frac{1}{2}\times3.76N_2+Q \qquad (2\text{-}21)$$

$$CH_4+2O_2+2\times3.76N_2 =\!=\!= CO_2+2H_2O+2\times3.76N_2+Q \qquad (2\text{-}22)$$

一般有机可燃物的分子式可表示为 $C_\alpha H_\beta O_\gamma$,其空气中完全燃烧反应方程式通式可表示为

$$C_\alpha H_\beta O_\gamma + \left(\alpha + \frac{\beta}{4} - \frac{\gamma}{2}\right) O_2 + \left(\alpha + \frac{\beta}{4} - \frac{\gamma}{2}\right) \times 3.76 N_2 = \alpha CO_2 + \frac{\beta}{2} H_2O + \left(\alpha + \frac{\beta}{4} - \frac{\gamma}{2}\right) \times 3.76 N_2 + Q$$

$$(2-23)$$

书写空气中燃烧反应方程式，首先可燃物为 1 mol，其次反应前后都必须写出氮气，氮气的化学计量系数为氧气的 3.76 倍，通式中氧气的化学计量系数为 $\alpha + \frac{\beta}{4} - \frac{\gamma}{2}$，用 A 来表示。

二、纯净物完全燃烧所需空气量的计算

1 mol 可燃纯净物(单质或化合物)完全燃烧所需 O_2 为 A mol，则所需的空气量为 4.76A mol。在实际的工作中，常常需要计算出单位体积或单位质量的可燃物完全燃烧所需空气量的体积。可燃物如为气态，其完全燃烧所需空气量常用"m^3/m^3"表示；如为液态或固态，则用"m^3/kg"表示。

(一)气态纯净物

根据理想气体状态方程 $PV = nRT$，在相同状态下，气体的摩尔比等于其体积比。由燃烧反应方程式可知，1 mol 气态纯净物完全燃烧需要 A mol 的 O_2，所需的空气量为 4.76A mol；则 1 m^3 气态纯净物完全燃烧需要 A m^3 的 O_2，所需的空气量为 4.76A m^3，即

$$V_空 = 4.76A \qquad\qquad (2-24)$$

[例 2-1]试求 1 m^3 乙烷完全燃烧所需的空气量。

解：$C_2H_6 + \frac{7}{2}O_2 + \frac{7}{2} \times 3.76N_2 = 2CO_2 + 3H_2O + \frac{7}{2} \times 3.76N_2 + Q$

所以，$A = \frac{7}{2}$

则，$V_空 = 4.76A = 4.76 \times \frac{7}{2} = 16.66\ m^3$

答：1 m^3 乙烷完全燃烧所需的空气量为 16.66 m^3。

(二)液态或固态纯净物

液态或固态纯净物，在标准状况(0 ℃、1.013 25×10^5 Pa)下完全燃烧所需的空气量可按式(2-25)计算，即

$$V_空 = 4.76A \times \frac{22.4}{M} \qquad\qquad (2-25)$$

式中　M——液态或固态纯净物的摩尔质量(或相对分子质量)，g/mol。

[例 2-2]试求 1 kg 乙醇在标准状况下完全燃烧所需的空气量。

解：$C_2H_5OH + 3O_2 + 3 \times 3.76N_2 = 2CO_2 + 3H_2O + 3 \times 3.76N_2 + Q$

所以，$A = 3$，$M = 46$ g/mol

则，$V_空 = 4.76 \times 3 \times \frac{22.4}{46} m^3 \approx 6.95\ m^3$。

答：1 kg 乙醇在标准状况下完全燃烧所需的空气量约为 6.95 m^3。

若液态或固态纯净物在常温常压(25 ℃、1.013 25×10^{5}Pa)下完全燃烧，则所需的空气量可按下式计算

$$V_{空} = 4.76A \times \frac{24.5}{M} \qquad (2-26)$$

那么,1 kg 乙醇在常温常压下完全燃烧所需的空气量为

$$V_{空} = 4.76A \times \frac{24.5}{M} = 4.76 \times 3 \times \frac{24.5}{46} \ m^3/kg = 7.61 \ m^3/kg$$

若是在非标准状态下完全燃烧,则所需的空气量可根据理想气体状态方程 $PV = nRT$ 进行计算。

[例2-3]试求 1 kg 乙醇在 20 ℃、0.9 个大气压完全燃烧所需的空气量。

根据乙醇的燃烧反应方程式可知,1 mol 乙醇需要 3 mol 的 O_2,而 1 kg 乙醇的摩尔数为 $\frac{1\ 000}{46}$ mol,则需要氧气的摩尔数为 $3 \times \frac{1\ 000}{46}$ mol,则

$$V_{空} = 4.76V_{O_2} = 4.76 \times \frac{nRT}{P}$$

$$= 4.76 \times \frac{3 \times \dfrac{1\ 000}{46} \times 8.314 \times (273.15 + 20)}{0.9 \times 1.013\ 25 \times 10^5} \ m^3/kg$$

$$= 8.30 \ m^3/kg$$

答:1 kg 乙醇在 20 ℃、0.9 个大气压完全燃烧所需的空气量为 8.30 m^3。

📖 **思考题**

1. 计算 300 m^3 的 H_2S 完全燃烧所需要的理论空气量和实际空气量。(气态物质的 $\alpha = 1.02 - 1.2$)

2. 某站在测试加热炉效率时,测得燃料油组成 C = 85.72%,H = 12.15%,O = 1.21%,S = 0.433%,N = 0.161%,W = 0.32%。

(1)燃料油完全燃烧时需要的理论空气量(空气密度为 1.293 kg/m^3)。

(2)求 200 m^3 的燃料油完全燃烧所需要的实际空气量。

3. 计算 5 t 丙酮在 32 ℃,1 个大气压下完全燃烧所需要的理论空气量和实际空气量。

第五节　燃烧产物

📖 **学习目标**

1. 掌握燃烧产物的基本概念和分类。

2. 掌握不同物质的燃烧产物。

3. 掌握燃烧产物的毒害性。

燃烧产生的物质,其成分取决于可燃物的组成和燃烧条件。大部分可燃物属于有机化合物,主要由碳、氢、氧、氮、硫等元素组成,燃烧生成的产物一般有一氧化碳、二氧化碳、丙烯醛、氯化氢、二氧化硫等。

一、燃烧产物的概念和分类

(一)燃烧产物的概念

物质燃烧或热解后产生的气体、固体、烟雾和热量等全部物质称为燃烧产物。

(二)燃烧产物的分类

燃烧产物有完全燃烧产物和不完全燃烧产物两类。可燃物质在燃烧过程中,如果生成的产物不能再燃烧,则称为完全燃烧,其产物为完全燃烧产物,如 CO_2、H_2O、SO_2;可燃物质在燃烧过程中,如果生成的产物还能继续燃烧,则称为不完全燃烧,其产物为不完全燃烧产物,如 CO、NH_3、醇类、醚类等。

二、不同物质的燃烧产物

燃烧产物的数量及成分,随物质的化学组成以及温度、空气(氧)的供给等燃烧状况不同而有所不同。

1. 单质的燃烧产物

一般单质在空气中完全燃烧,其产物为构成该单质元素的氧化物。如碳、氢、硫等燃烧就分别生成 CO_2、H_2O、SO_2。这些产物不能再燃烧,属于完全燃烧产物。

2. 化合物的燃烧产物

一些化合物在空气(氧)中燃烧除生成完全燃烧产物外,还会生成不完全燃烧产物。最典型的不完全燃烧产物是 CO,它能进一步燃烧生成 CO_2。

3. 合成高分子材料的燃烧产物

合成高分子材料在燃烧过程中伴有热裂解,会分解产生许多有毒或有刺激性的气体,如氯化氢、光气、氰化氢等。

4. 木材的燃烧产物

木材是一种化合物,主要由 C、H、O 元素组成,成分是纤维素。木材在受热后发生裂解反应,生成不完全燃烧产物。

木材在 200 ℃左右,主要生成 CO_2、水蒸气、甲酸、乙酸、CO 等产物;在 280 ~ 500 ℃,产生可燃蒸汽及颗粒;到 500 ℃以上则主要是碳,产生的游离基对燃烧有明显的加速作用。

三、燃烧产物的毒害性

燃烧产物有不少是毒害气体,往往会通过呼吸道侵入或刺激眼结膜、皮肤黏膜使人中毒甚至死亡。据统计,在火灾中死亡的人约75%是由于吸入毒性气体而中毒致死的。燃烧产物中含有的这些有毒成分均对人体有不同程度的危害。常见有害气体的来源、生理作用及致死浓度见表2-4。

CO是火灾中最致死的主要燃烧产物之一,其毒性在于对血液中血红蛋白的高亲和力,其对血红蛋白的亲和力比氧气高出250倍,因而,它能阻止人体血液中氧气的输送,引起头痛、虚脱、神志不清等症状,严重时会使人昏迷甚至死亡。不同浓度的CO对人体的影响见表2-5。

表2-4　常见有害气体的来源、生理作用及致死浓度

来源	主要的生理作用	短期(10 min)估计致死浓度/$\times10^{-6}$
纺织品、聚丙烯腈尼龙、聚氨酯等物质燃烧时分解出的氰化氢(HCN)	一种迅速致死、窒息性的毒物	350
纺织物燃烧时产生二氧化氮(NO_2)和其他氮的氧化物	肺的强刺激剂,能引起即刻死亡及滞后性伤害	>200
由木材、丝织品、尼龙燃烧产生的氨气(NH_3)	强刺激性,对眼、鼻有强烈刺激作用	>1 000
PVC电绝缘材料,其他含氯高分子材料及阻燃处理物热分解产生的氯化氢(HCl)	呼吸刺激剂,吸附于微粒上的HCl的潜在危险性比等量的HCl气体要大	>500,气体或微粒存在时
氟化树脂类及某些含溴阻燃材料热分解产生的含卤酸气体	呼吸刺激剂	约400(HF) 约100(COF_2) >500(HBr)
含硫化合物及含硫物质燃烧分解产生的二氧化硫(SO_2)	强刺激剂,在远低于致死浓度下即使人难以忍受	>500
由聚烯烃和纤维素低温热解(400 ℃)产生的丙醛	潜在的呼吸刺激剂	30 ~ 100

表2-5　不同浓度的CO对人体的影响

气体浓度/($\times10^{-6}$)	接触时间	危害程度
50	持续8 h	无明显后果(成年人所忍受的最大程度)
200	2 ~ 3 h	可能会出现轻微的前额头痛
400	1 ~ 2 h	出现前额头痛,并伴有呕吐现象
800	45 min	出现头痛、头晕现象,并开始呕吐
1 600	20 min	开始出现头痛、头晕、呕吐现象
3 200	5 min	出现头痛、头晕现象
6 400	1 ~ 2 min	马上就会有头痛、头晕反应,10 min左右开始昏迷甚至死亡

除毒性之外,燃烧产生的烟气也是一类特殊物质,是火场中需要考虑的主要成分。烟气在火场上弥漫,会严重影响人们的视线,使人们难以辨别火势发展方向和寻找安全疏散路线。同时,烟气中有些气体对人的眼睛有极大的刺激性,会降低人的能见度。火灾烟气的学习将在后面章节阐述。

📖 思考题

1. 简述不同物质的燃烧产物。

2. 简述燃烧产物的毒害性。

第六节　燃烧热及燃烧温度

📖 学习目标

1. 掌握热值、燃烧温度的概念和分类。

2. 了解影响燃烧温度的主要因素。

3. 掌握燃烧热、热值的计算方法。

📖 能力目标

1. 能够计算理论燃烧温度,并能分析出实际燃烧温度的偏差原因。

2. 能够运用正确的方法求出燃烧热和热值。

释放热量和生成高温产物是燃烧反应的主要特征。燃烧产物分为完全燃烧产物和不完全燃烧产物。完全燃烧产物是指可燃物中的 C 变成 CO_2(气)、H 变成 H_2O(液)、S 变成 SO_2(气);而 CO、NH_3、醇类、酮类、醛类等是不完全燃烧产物。燃烧产物的温度取决于燃烧产物的热容和燃烧释放的热量。

一、燃烧热和热值

(一)燃烧热

燃烧热是指在常温常压(25 ℃、101 kPa)下,1 mol 的可燃物完全燃烧生成稳定的化合物时所释放出的热量。如果体系发生反应,参加反应的各物质在化学成分发生变化的同时,伴随着系统内能量的变化。这种反应前后能量的差值以热的形式向环境散失或从环境中吸收,散失或吸收的热量就是反应热。对于燃烧反应,反应热等于燃烧热。根据化学热力学理论,对于定温恒压过程,反应热等于系统的焓变;对于定温定容过程,反应热等于系统内能的变化。

反应热的计算,可由盖斯定律求得。根据盖斯定律,对于任一定温恒压反应,反应热可

由式(2-27)、式(2-28)计算得出

$$\Delta H_{r,m}^{\ominus}(T) = \left\{ \sum \nu_B \Delta_f H_B^{\ominus}(\beta,T) \right\}_{\text{产物}} - \left\{ \sum \nu_B \Delta_f H_B^{\ominus}(\beta,T) \right\}_{\text{反应物}} \tag{2-27}$$

$$\Delta H_{r,m}^{\ominus}(T) = \left\{ \sum \nu_B \Delta_c H_B^{\ominus}(\beta,T) \right\}_{\text{产物}} - \left\{ \sum \nu_B \Delta_c H_B^{\ominus}(\beta,T) \right\}_{\text{反应物}} \tag{2-28}$$

式中　$\Delta H_{r,m}^{\ominus}(T)$——温度 T 条件的标准恒压反应热,kJ;

ν_B——参与反应物质的反应系数;

$\Delta_f H_B^{\ominus}(\beta,T)$——反应体系中化合物 B 的标准摩尔生成焓,kJ/mol;

$\Delta_c H_B^{\ominus}(\beta,T)$——反应体系中化合物 B 的标准摩尔燃烧焓,kJ/mol。

在温度 T 的标准态下,由稳定相态的单质生成 1 mol β 相的化合物的焓变,即化合物 B(β)在 T 温度下的标准摩尔生成焓 $\Delta_f H_B^{\ominus}(\beta,T)$。符号中的下标 f 表示生成反应,括号中的 β 表示 B 的相态。$\Delta_f H_B^{\ominus}(\beta,T)$ 的常用单位是 J/mol 或 kJ/mol。表 2-6 列出了一些常见物质的标准摩尔生成焓。

表 2-6　常见物质的标准摩尔生成焓(25 ℃)

物质名称	$\Delta_f H_m^{\ominus}/(kJ \cdot mol^{-1})$	物质名称	$\Delta_f H_m^{\ominus}/(kJ \cdot mol^{-1})$	物质名称	$\Delta_f H_m^{\ominus}/(kJ \cdot mol^{-1})$
氢(g)	0	氧(g)	0	甲苯(g)	50.00
一氧化碳(g)	−110.53	氮(g)	0	甲醇(g)	−200.7
甲烷(g)	−74.811	碳(石墨)	0	甲醇(l)	−238.7
乙炔(g)	226.7	碳(钻石)	1.897	乙醇(g)	−235.1
苯(g)	82.93	水(g)	−241.82	乙醇(l)	−277.7
苯(l)	48.66	水(l)	−285.83	丙酮(l)	−248.2
丙烷(g)	−103.8	乙烷(g)	−84.68	甲酸(l)	−424.72
二氧化碳(g)	−393.51	丙烷(g)	−103.8	乙酸(l)	−484.5

在温度 T 的标准态下,由 1 mol β 相的化合物 B 与氧气进行完全氧化反应的焓变,为物质 B(β)在 T 温度下的标准摩尔燃烧焓 $\Delta_c H_B^{\ominus}(\beta,T)$,符号中的下标 c 表示燃烧反应,括号中的 β 表示 B 的相态。$\Delta_c H_B^{\ominus}(\beta,T)$ 的常用单位是 J/mol 或 kJ/mol。表 2-7 列出了一些常见物质的标准摩尔燃烧焓。

表 2-7　常见物质的标准摩尔燃烧焓(25 ℃)

物质名称	$\Delta_c H_m^{\ominus}/(kJ \cdot mol^{-1})$	物质名称	$\Delta_c H_m^{\ominus}/(kJ \cdot mol^{-1})$	物质名称	$\Delta_c H_m^{\ominus}/(kJ \cdot mol^{-1})$
氢(g)	285.83	乙炔(g)	1 299.6	丙酮(l)	1 790.4
一氧化碳(g)	283.0	苯(l)	3 267.5	乙酸(l)	874.54
甲烷(g)	890.31	苯乙烯(g)	4 437	萘(s)	5 153.9
乙烷(g)	1 559.8	甲醇(l)	726.51	氯甲烷(g)	689.10
乙烯(g)	1 411.0	乙醇(l)	1 366.8	硝基苯(l)	3 091.2

[例2-4]已知焦炉煤气的组成为:$CO(6.8\%)$,$H_2(57\%)$,$CH_4(22.5\%)$,$C_2H_4(3.7\%)$,$CO_2(2.3\%)$,$N_2(4.7\%)$,$H_2O(3\%)$(均为体积百分数)。求焦炉煤气的标准摩尔燃烧焓。

解:查表2-7,得该煤气中各组分的标准摩尔燃烧焓分别为:$\Delta_c H_m^\ominus(CO,g,298\ K)=283.0$ kJ/mol,$\Delta_c H_m^\ominus(H_2,g,298\ K)=285.83\ kJ/mol$;$\Delta_c H_m^\ominus(CH_4,g,298\ K)=890.31\ kJ/mol$;$\Delta_c H_m^\ominus(C_2H_4,g,298\ K)=1\ 411.0\ kJ/mol$。

由式(2-28)得该种煤气的标准燃烧热为:

$$\Delta_c H_m^\ominus=[283.0\times0.068+285.83\times0.57+890.31\times0.225+1\ 411.0\times0.037]\ kJ/mol$$
$$\approx434.69\ kJ/mol$$

(二)热值

对于很多可燃物,如煤、木材、棉花、纸张、汽油等,由于没有确定的分子式,其摩尔质量无法确定,因此在实际计算中往往用热值来表示燃烧热的大小。

热值是燃烧热的另一种表示形式,在工程上常使用。热值是指单位质量或单位体积的可燃物完全燃烧所放出的热量。对于液态和固态可燃物,表示为质量热值 Q_m,单位为 kJ/kg;对于气态可燃物,表示为体积热值 Q_V,单位为 kJ/m³。

燃烧热和热值的本质相同,但表示单位不同。它们之间可以互相换算。对于液态和固态可燃物,两者之间的关系为

$$Q_m=\frac{1\ 000\Delta_c H_m^\ominus}{M} \tag{2-29}$$

对于气态可燃物,两者之间的关系为

$$Q_V=\frac{1\ 000\Delta_c H_m^\ominus}{22.4} \tag{2-30}$$

热值具有高热值和低热值之分。高热值是指可燃物中的水和氢元素燃烧生成的水以液态存在时的热值;低热值是指可燃物中的水和氢元素燃烧生成的水以气态存在时的热值。由于水由液态变为气态时需要吸收热量,因此高热值在数值上大于低热值。在火灾燃烧计算中,常用低热值。

根据化学热力学提供的燃烧热数据,利用式(2-29)、式(2-30)可以方便求出相应的质量热值和体积热值。但对于很多固态和液态可燃物,如石油、煤炭、木材等,分子结构很复杂,摩尔质量很难确定。因此,它们燃烧放出的热量一般只用质量热值表示,且通常采用经验公式计算。最常用的是门捷列夫经验公式

$$Q_H=4.18\times[81C+300H-26\times(O+N-S)] \tag{2-31}$$
$$Q_L=Q_H-6\times(9H+W)\times4.18 \tag{2-32}$$

式中　C、H、S 和 W——可燃物中碳、氢、硫和水的质量百分数,%;

O+N——可燃物中氧和氮的质量分数之和。

在实际火灾中,除氢气的热值较高外,很少遇到低热值小于 12 000 kJ/kg 和大于 50 000 kJ/kg 的可燃物质。表2-8、表2-9 分别列出了某些可燃气体和某些可燃固体、可燃液体的完全燃烧热值。

在火灾条件下,可燃材料完全燃烧所需要的空气通常并不能完全进入燃烧的化学反应区。所以,火灾条件下的燃烧常常是不完全的。因此,火灾时燃烧放出的热量比表中的数据略低。

表 2-8 某些可燃气体的完全燃烧热值

可燃气体	高热值		低热值	
	kJ/kg	kJ/m³	kJ/kg	kJ/m³
氢气	14 1900	12 770	119 480	10 753
乙炔	49 850	57 873	48 112	55 856
甲烷	55 720	39 861	50 082	35 823
乙烯	49 857	62 354	46 631	58 321
乙烷	51 664	65 605	47 280	58 160
丙烯	49 852	87 030	45 773	81 170
丙烷	50 208	93 720	46 233	83 470
丁烯	48 367	115 060	45 271	107 530
丁烷	49 370	121 340	45 606	108 370
戊烷	49 160	149 790	45 396	133 890
一氧化碳	10 155	12 694	—	—
硫化氢	16 778	25 522	15 606	24 016

表 2-9 某些可燃固体和可燃液体的完全燃烧热值

燃料名称	热值/(kJ·kg⁻¹)	燃料名称	热值/(kJ·kg⁻¹)
木材	7 106~14 651	无烟煤	31 380
天然纤维	17 360	揭煤	18 830
石蜡	46 610	焦炭	31 380
淀粉	17 490	炼焦煤气	32 640
苯	40 260	照明用煤气	20 920
甲苯	40 570	酒精	29 290
航空燃料	43 300	芳香烃浓缩物	41 250
煤油	41 382~46 398	汽油	43 510
烷烃浓缩物	43 350	柴油	52 050
环烷烃-烷烃浓缩物	43 100	重油	41 590
合成橡胶	45 252	棉花	15 700
聚苯乙烯	48 967	聚乙烯	47 137
天然橡胶	44 833	聚氨酯泡沫	24 302

[例2-5]已知木材的组成为：C(43%)，H(7%)，O(41%)，N(2%)，W(6%)，A(1%)（质量百分数）。试求 4 kg 木材燃烧的高、低热量。

解：由式（2-31）和式（2-32）分别得：

$$Q_H = 4.18 \times (81 \times 43 + 300 \times 7 - 26 \times 43) \text{ kJ/kg} \approx 18\ 664 \text{ kJ/kg}$$

$$Q_L = [18\ 664 - 6 \times (9 \times 7 + 6) \times 4.18] \text{ kJ/kg} \approx 16\ 933 \text{ kJ/kg}$$

4 kg 木材燃烧的高热值为 18 664×4＝74656（kJ）；低热值为 16 933×4 kJ＝67 732 kJ。

（三）热值的估算

对火灾中常见的可燃物进行试验发现，绝大多数物质在完全燃烧时消耗单位体积的氧气时所产生的热量是一个常数：$17.1 \times 10^3 \text{ kJ/m}^3$（25 ℃），其误差在±5%以内。如果测得某物质燃烧时所消耗的氧气的体积，则可很容易估算出该物质燃烧时所释放出的热量。

火灾中常见的可燃物完全燃烧时消耗单位体积的氧气所产生的热量见表2-10。

表2-10　火灾中常见的可燃物完全燃烧时消耗单位体积的氧气所产生的热量

物质名称	热量/kJ	物质名称	热量/kJ	物质名称	热量/kJ
纤维素	17.79×10^3	聚异丁烯	16.72×10^3	聚乙烯	16.56×10^3
棉花	17.82×10^3	聚丁二烯	17.00×10^3	聚丙烯	16.57×10^3
报纸	17.54×10^3	聚苯乙烯	16.98×10^3	甲烷	16.42×10^3
木材	16.38×10^3	聚氯乙烯	16.81×10^3	苯	17.10×10^3
褐煤	17.17×10^3	有机玻璃	16.99×10^3	—	—
煤沥青	17.68×10^3	聚丙烯腈	17.81×10^3	平均值	17.08×10^3

二、燃烧温度

可燃物在燃烧时所放出的热量，除小部分通过传导、对流、辐射等方式向燃烧体系传递外，大部分用于加热燃烧产物，所以燃烧产物所具有的温度也就是物质的燃烧温度，也称为火焰温度。在实际火灾中，物质的燃烧温度不是固定不变的，而是随着可燃物的种类、氧气供给情况、散热条件等因素的变化而变化。物质的燃烧温度有绝热燃烧温度和实际燃烧温度之分。

（一）绝热燃烧温度

为了便于比较各种可燃物在一定条件下燃烧时所能达到的最高温度，一般引入绝热燃烧温度的概念。绝热燃烧温度是指可燃物与空气在绝热条件下完全燃烧时，燃烧释放出的热量全部都传递给燃烧产物，使燃烧产物达到的最高温度。为了比较不同物质的燃烧温度，对燃烧条件作如下统一规定：

①燃烧的初始温度已知。

②可燃物完全燃烧。

③可燃物与空气符合化学计量比。

④燃烧是绝热的，即燃烧反应放出的热量全部转化为燃烧产物的热焓增加。

⑤燃烧是在恒压条件下进行的。

对于开放空间着火，可燃物在火场上燃烧时，燃烧产物不断向周围扩散膨胀，所以火场上压力没有多大增加，基本上保持初始压力。

根据热平衡原理,绝热燃烧温度可用式(2-33)计算,即

$$T_{理} = \frac{Q_L}{\sum \overline{C_i} V_i}$$ (2-33)

式中　$T_{理}$——绝热燃烧温度,℃;

　　　Q_L——可燃物的低热值,kJ/kg 或 kJ/m³;

　　　$\overline{C_i}$——第 i 种燃烧产物的平均热容,kJ/(m³·℃);

　　　V_i——第 i 种燃烧产物的体积,m³。

由于 $\overline{C_i}$ 在恒压和恒容下数值不同,故有绝热等压过程和绝热等容过程计算方法。

需要指出的是,可燃物的低热值 Q_L 与其绝热燃烧温度 $T_{理}$ 并不都是成正比。例如,氢气的低热值(10 753 kJ/m³)大大低于液化石油气的低热值(38 409 kJ/m³),而氢气的绝热燃烧温度(2 130 ℃)却比液化石油气(2 120 ℃)的高;但天然气的低热值比焦炉煤气的高,其绝热燃烧温度也高。燃烧产物的生成量和其成分对绝热燃烧温度也有很大的影响。表 2-11 列出了部分可燃物的绝热燃烧温度。

表 2-11　部分可燃物的绝热燃烧温度

物质	绝热燃烧温度/℃	物质	绝热燃烧温度/℃
甲烷	1 800	烟煤	1 647
乙烷	1 895	氢气	2 130
丙烷	1 982	煤气	1 600 ~ 1 850
丁烷	1 977	木材	1 000 ~ 1 177
戊烷	1965	镁	3 000
己烷	2 032	纳	1 400
苯	2 071	石蜡	1 427
乙炔	2 127	一氧化碳	1 680
甲醇	1 100	二氧化硫	2 195
乙醇	1 180	液化石油气	2 120
原油	1 000	天然气	2 020
汽油	2 681	磷	900
煤油	700 ~ 1 030	氨	700
重油	1 000	硫	1 820

(二)实际燃烧温度

实际燃烧温度是指可燃物在实际条件下燃烧的产物温度,也包括火场条件下的燃烧温度。由于在火场条件下物质燃烧都进行得不完全,并且对周围的传热很多,因此实际燃烧温度总是低于绝热燃烧温度。例如,松树的绝热燃烧温度为 1 605 ℃,而实际燃烧温度仅为

1 090 ℃。由于散热条件、可燃物与助燃物的比例、可燃物与助燃物在燃烧前的预热情况以及完全燃烧程度等的影响,因此实际中可燃物的燃烧温度不是一个固定值。

（三）影响燃烧温度的主要因素

1. 可燃物的种类

不同的可燃物,由于其热值不同,在相同条件下燃烧时,其燃烧温度也不相同。例如,酒精火焰 1 180 ℃,二硫化碳火焰 2 195 ℃,煤油灯火焰 780 ~ 1 030 ℃,火柴火焰 500 ~ 650 ℃,燃烧的烟卷 700 ~ 800 ℃。当然,燃烧温度并不是单一地与可燃物的热值有关,还与燃烧产物有关。一般情况下,Q_L 增加时,燃烧产物的体积 $V_{产}$ 也是增加的,$T_{理}$ 的增加幅度则主要看 $\dfrac{Q_L}{V_{产}}$ 的增加幅度。

2. 通风系数

通风系数 a 影响燃烧产物的生成量和成分,从而影响燃烧温度。绝热燃烧温度规定的条件是 $a=1$,在保证可燃物完全燃烧的情况下,若 a 值越大,则 $T_{理}$ 越低。

（1）可燃物与空气的预热温度。

可燃物与空气的预热温度越高,燃烧温度也就越高。根据实验,只要把燃烧用的空气预热,就能显著提高燃烧温度,而且对热值高的可燃物的效果更为明显。例如,对发生炉煤气和高炉煤气,当空气预热温度提高 200 ℃,则可提高燃烧温度约 100 ℃;而对重油、天然气等燃料,预热温度提高 200 ℃,则可提高燃烧温度约 150 ℃。

（2）空气的富氧程度。

可燃物在氧气或富氧空气中燃烧时,其燃烧温度要比在空气中燃烧时要高。例如,氢气在空气中燃烧时,火焰的最高温度为 2 130 ℃,而在纯氧中燃烧时,火焰的最高温度可达 3 150 ℃。

一般而言,可燃物的燃烧温度越高,火灾危险性越大,起火后火势发展蔓延速率也就越快。依据可燃物的燃烧温度,可以大致确定火灾危险性的大小,从而采取相应的预防措施。部分可燃物的燃烧温度见表 2-12。

表 2-12　部分可燃物的燃烧温度

物质名称	燃烧温度/℃	物质名称	燃烧温度/℃	物质名称	燃烧温度/℃
甲烷	1 800	丙酮	1 000	钠	1 400
乙烷	1 896	乙醚	2 861	石蜡	1 427
丙烷	1 977	原油	1 100	一氧化碳	1 680
丁烷	1 982	汽油	1 200	硫	1 820
戊烷	1 977	煤油	700 ~ 1 030	二氧化碳	2 195
己烷	1 965	重油	1 000	液化气	2 110
苯	2 032	烟煤	1 647	天然气	2 020
甲苯	2 071	氢气	2 130	石油气	2 120
乙炔	2 127	煤气	1 600 ~ 1 850	磷	900

物质名称	燃烧温度/℃	物质名称	燃烧温度/℃	物质名称	燃烧温度/℃
甲醇	1 100	木材	1 000 ~ 1 177	氨	700
乙醇	118	镁	3 000	—	—

三、燃烧速率、热释放速率

(一)燃烧速率

可燃固体一旦被引燃,火焰就会在其表面或浅层传播。为维持稳定燃烧,体系得到的热量至少等于体系向环境散失的热量。根据能量守恒定律可以得出能量守恒方程式为

$$\dot{Q}_E + \dot{Q}_F = \dot{Q}_L + G_s L_V \tag{2-34}$$

将式(2-34)变形,可得到可燃固体的燃烧速率为

$$G_s = \frac{\dot{Q}_E + \dot{Q}_F - \dot{Q}_L}{L_V} \tag{2-35}$$

式中　G_s——可燃固体的质量燃烧速率,g/(m² · s);

$\dot{Q}_E$——固体表面面积上的加热速率,kJ/(m² · s);

$\dot{Q}_L$——固体表面向外界散失的热量,kJ/(m² · s);

$\dot{L}_V$——固体的分解热,kJ/g;

$\dot{Q}_F$——燃烧火焰供给固体的热通量,kJ/(m² · s)。

$\dot{Q}_F$ 由辐射热通量和对流热通量组成,且二者的份额随着燃烧面积大小而变化。除燃烧火焰不光亮的固体外,在大面积(直径大于 1 m)的燃烧中,火焰向固体表面传播以热辐射为主。

假如在点燃可燃固体后撤去外部提供给固体表面的热通量,可燃固体的燃烧速率可由式(2-36)计算,即

$$G_s = \frac{\dot{Q}_F - \dot{Q}_L}{L_V} \tag{2-36}$$

(二)热释放速率

材料的热释放速率是指在规定的试验条件下,单位时间内材料燃烧所释放的热量。20世纪 70 年代人们认为热释放速率是表征火灾的重要参数之一,20 世纪 80 年代晚期人们已经意识到热释放速率是表征火灾危险性的唯一重要参数,主要原因有三:一是热释放速率是火灾发展的驱动力,通过积极热反馈的形式表现出来,即"热生热",输入一定热量则产生更多的热量。二是其他大多数参数与热释放速率相关。大多数其他火灾产物都有随热释放速率上升而增加的趋势。烟气、毒性气体、房间温度以及其他火灾危险变量通常与热释放速率的变化而变化。例如,评价材料燃烧产物毒性的参数毒性效率(吸入 1 g 量产生的毒性效

应)的大小由火灾中材料的质量损失速率控制,而质量损失速率则与火灾的热释放速率密切相关。显然,热释放速率越大,质量损失速率越大,单位时间内吸入的毒性气体越多,毒性效力越多。三是热释放速率越大,意味着对生命安全的威胁越大。热释放速率越高就暗示火场温度和辐射热量越高,对周围人群的生命安全威胁越大,火灾蔓延速率也越快。

现代火灾科学研究表明,材料的热释放速率是火灾危害分析中重要的因素,它对火灾发展起决定作用,已成为了解火灾发展基本过程和危害的最主要参数之一。材料的热释放速率也是材料燃烧性能中最重要的参数。如果知道火灾中可燃物的质量燃烧速率,则热释放速率可由式(2-37)计算,即

$$\dot{q}_c = G_s \Delta H_C A_F \mu \tag{2-37}$$

式中　$\dot{q}_c$——可燃固体的热释放速率,kJ/s;

　　　A_F——燃烧固体的表面积,m²;

　　　ΔH_C——在标准状况下,可燃物质完全燃烧释放的热量,kJ;

　　　μ——放热系数。

部分可燃固体的放热系数见表2-13。

表2-13　部分可燃固体的放热系数

固体名称	$Q_E/(kW \cdot m^{-2})$	μ	$\mu_{对流}$	$\mu_{辐射}$
纤维素	52.4	0.716	0.351	0.365
聚甲醛	0	0.755	0.607	0.148
聚甲基丙烯酸甲酯	0	0.867	0.622	0.245
	39.7	0.710	0.340	0.370
聚丙烯	0	0.752	0.548	0.204
	39.7	0.593	0.233	0.360
聚苯乙烯	0	0.607	0.385	0.222
	39.7	0.464	0.130	0.334
聚氯乙烯	52.4	0.357	0.148	0.209

假设可燃固体表面接收的净热通量为 $\dot{Q}_{net}$ 则有

$$\dot{Q}_{net} = \dot{Q}_E + \dot{Q}_F - \dot{Q}_L \tag{2-38}$$

结合式(2-36)、式(2-37)和式(2-38)得

$$\dot{q}_c = \dot{Q}_{net} A_F \mu \left(\frac{\Delta H_C}{L_V} \right) \tag{2-39}$$

式(2-39)表明,固体燃烧释热速率与 $\Delta H_C/L_V$ 的关系十分密切。与 ΔH_C 或 L_V 比较,$\Delta H_C/L_V$ 能更好地反映固体稳定燃烧特性。表2-14列出了部分可燃固体的 $\Delta H_C/L_V$ 值。ΔH_C 是指在标准状况下,可燃物质完全燃烧释放的热量,但在实际火灾中,可燃物大多不会发生完全燃烧,燃烧热不符合火灾实际,且火灾中可燃物的组成变化很大,热值很不固定。

因而应通过实验来认识可燃物质的火灾燃烧特性,实体实验是火灾研究中最主要也是最可靠的方法。但实体实验的花费相当大,特别是火灾实验是破坏性实验,燃烧物品过火后基本上不能再使用,因此,利用较实物小许多倍的小型实验取得数据,且实验结果与大型燃烧实验结果之间存在良好相关性的实验方法及仪器设备受到了人们的关注。锥形量热仪与大型实验结果相关性好,它的出现使研究工作大为改观。锥形量热仪是以氧消耗原理为基础的新一代聚合物材料燃烧测定仪,由锥形量热仪获得的可燃材料在火灾中的燃烧参数有多种,其中包括热释放速率(HRR)、总释放热(THR)、有效燃烧热(EHC)、点燃时间(TTI)、烟及毒性参数和质量变化参数(MIR)等。锥形量热仪目前已成为实验室研究释热速率的主要方法。

表 2-14　部分可燃固体的 $\Delta H_C/L_V$ 值

可燃物	$\Delta H_C/L_V$	可燃物	$\Delta H_C/L_V$
硬质聚氨酯泡沫塑料(43)	5.14	聚甲基丙烯酸甲酯(粒状)	15.46
聚氧化甲酯	6.37	甲醇(液体)	16.50
硬质聚氨酯泡沫塑料(37)	6.54	软质聚氨酯泡沫塑料(25)	20.03
轻质聚氨酯泡沫塑料(1-A)	6.63	硬质聚苯乙烯泡沫塑料(47)	20.51
聚氯乙烯(粒状)	6.66	聚丙烯(粒状)	21.37
含氯48%的聚氯乙烯(粒状)	6.72	聚苯乙烯(粒状)	23.04
硬质聚氨酯泡沫塑料(29)	8.37	硬质聚乙烯泡沫塑料(4)	27.23
轻质聚氨酯泡沫塑料(27)	12.26	硬质聚苯乙烯泡沫塑料(53)	30.02
尼龙(粒状)	13.10	苯乙烯(液体)	63.30
轻质聚氨酯泡沫塑料(21)	13.34	庚烷(液体)	92.83

锥形量热仪测定样品较小,标准实验的尺寸为 10 cm×10 cm,然而建筑物内使用的物品基本上都是由多种材料组成的,具有较大的质量和体积,其释热特性是锥形量热仪无法反映的。于是在锥形量热仪的基础上发展起来家具量热仪,家具量热仪测定的数据很接近实际火灾环境的结果,有很大的使用价值。表 2-15 为部分小尺寸电缆试样的释热速率峰值,利用这些有价值的数据可以研究可燃物品在火灾中的蔓延规律。

表 2-15　部分小尺寸电缆试样的释热速率峰值

试样号	电缆材料	释热速率/kW
1	idPE	1 071
2	XPE/氯丁橡胶	354
3	PE/PVC	312
4	PE/PVC275	395
5	PE/PVC	589
6	PE/PVC	359

续表

试样号	电缆材料	释热速率/kW
7	PE、PP/C1.S.PE	299
8	PE、PP/C1.S.PE	177
9	PE、PP/C1.S.PE	271
10	PE、PP/C1.S.PE	345
11	XPE/FRXPE	475
12	XPE/XPE	178
13	FRXPE/C1.S.PE	258
14	XPE/C1.S.PE	204
15	XPE/氯丁橡胶	302
16	PE、尼龙/PVC、尼龙	218
17	PE、尼龙/PVC、尼龙	231
18	聚四氟乙烯	98
19	聚硅氧烷与玻璃丝编织衬垫	128
20	聚硅氧烷、玻璃丝编织衬垫、石棉	182

📖 **思考题**

1. 试计算乙烷的高热值和低热值。

2. 试计算丙烯的高热值和低热值。

3. 试计算甲醛的高热值和低热值。

第七节 燃烧过程中的热量传递

📖 **学习目标**

1. 掌握热传导、热对流、热辐射的基本概念。

2. 掌握热传递三种方式的特点。

📖 **能力目标**

1. 能够通过热传递的相关概念正确区分热传导、热对流和热辐射。

2. 能够掌握热传递三种方式对火灾的影响。

由于温度差而引起热量传递的过程,称为传热或热传播。燃烧放出的热量,以热传导、热对流和热辐射三种方式向未燃物和周围环境传递,使未燃物温度升高、分子活化、反应加速,从而引起燃烧,推进火灾向前发展。因此燃烧热既是燃烧的产物,又是继续燃烧的条件。火灾发生、发展的整个过程中始终伴随着热的传播,火场上的热传播是促使火势蔓延的主要因素。

一、热传导

物体各部分之间不发生相对位移时,依靠分子、原子及自由电子等微观粒子的热运动而产生的热量传递称为热传导,又称导热。导热一般发生在固体与固体间,主要是通过材料晶格的热振动波以及自由电子迁移来实现的。

在纯的热传导过程中,物体各部分之间不发生相对位移,即没有物质的宏观位移。

(一)傅里叶定律

傅里叶定律为单位温度梯度(在 1 m 长度内温度降低 1 K)在单位时间内经单位导热面所传递的热量。具体的文字表述:在导热现象中,单位时间内通过给定截面的热量,正比例于垂直于该截面方向上的温度变化率和截面面积,而热量传递的方向则与温度升高的方向相反。傅里叶定律是热传导的基础。它并不是由热力学第一定律导出的数学表达式,而是基于实验结果的归纳总结,是一个经验公式。

设有表面积为 F 的一块平板(或墙),如图 2-3 所示,厚度为 d,两侧表面的温度各为 T_1 和 T_2。

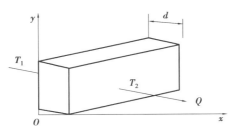

图 2-3 平板的导热

实验表明,单位时间内通过平板所传递的热量 Q 跟表面积 F、两侧表面的温差和时间 t 成正比,与厚度 d 成反比,即

$$Q = \lambda \frac{\Delta T}{d} F t \tag{2-40}$$

式中 λ——材料的导热系数,W/(m·k),具体内容见下文。

式(2-40)称为导热定律,又称傅里叶定律。

(二)影响热传导的影响因素

1. 温度差

温度差是热量传导的推动力。式(2-40)中 $\frac{\Delta T}{d}$ 表示在导热方向单位距离上的温度变化,称为温度梯度。单位时间内传导的热量 Q 与温度梯度成正比,也就是温差越大,导热方向的距离越小,则传导的热量也越多。在火场上,燃烧区温度越高,传导出的热量越多。

2. 导热系数

导热系数(也称热导率)是指在稳定传热条件下,1 m 厚的材料,两侧表面的温差为 1 K 或 1 ℃,在 1 s 内,通过 1 m² 面积传递的热量,用 λ 表示,单位为 W/(m·K) 或 W/(m·℃)。导热系数表示物质的导热能力,即单位温度梯度时通过单位面积的热通量。不同物质的导热系数不同,同种物质的导热系数也会因材料的结构、密度、湿度、温度等的变化而变化。固体物质是最强的导热体,液体物质次之,气体物质最弱。但固体物质是多种多样的,其热传导能力也各有不同。金属物质一般都是热的良导体,玻璃、木材、棉毛制品、羽毛、毛皮等非金属物品都是热的不良导体。石棉的导热性能较差,常作为绝热材料。通常将 0.837 W/(m·k)的材料称为隔热材料。表 2-16 列出了常用材料在常温条件下的导热系数。

表 2-16　常用材料在常温条件下的导热系数

材料名称	导热系数 $\lambda/[\mathrm{W}\cdot(\mathrm{m}^{-1}\cdot\mathrm{k}^{-1})]$
空气	0.023
水	0.58
冰	2.3
木材	0.17~0.40
钢材	58.2
混凝土	0.50~1.74
水泥砂浆	0.93
矿棉板	0.064
矿棉水泥板	0.52
石膏板	0.33
膨胀防火涂料	膨胀后 0.02~0.05
防火隔热涂料	0.07~0.20

3. 导热物体的厚度(距离)和截面积

导热物体的厚度(距离)d 越小,截面积 F 越大,传导的热量越多。如通过较厚墙壁传导的热量小于通过较薄墙壁的热量;通过截面积较大物体传导的热量大于通过截面积较小物体传导的热量。

4. 时间

在其他条件相同时,时间越长,传导的热量越多。有些隔热材料虽然导热性能差,但经过长时间的热传导,也能引起与其接触的可燃物燃烧。

(三)热传导和火灾

从消防观点来看,导热性良好的物质对灭火是不利的。火灾区内燃烧产生的热量,经由导热性好的建筑构件或建筑设备传导。能蔓延到水平相邻或上下层房间,例如各种金属管壁都可以把火灾区的燃烧热传至另一侧,使得相近的可燃、易燃物体燃烧,导致火场扩大。火灾通过热传导的方式蔓延,有两个特点:①火灾现场必须有导热性好的媒介,如金属构件;

②蔓延的距离较近,一般只能是相邻的建筑空间。热传导导致火灾蔓延的规模是有限的。但为了制止导热而引起火势扩展,在火灾扑救中,应不断地冷却被加热的金属构件,并防止构件塌陷伤人;迅速疏散、清除或用隔热材料隔离与被加热的金属构件相靠近的可燃物,以防止火势扩大。

(四) 热传导的危害与防范

热传导可通过物体从一处传到另一处,有可能引起与其接触的可燃物燃烧。导热系数大的物体(如金属)更容易成为火灾蔓延的途径。在火灾扑救中,应不断对被加热的金属物体、管道进行冷却;将靠近被加热的金属物体、管道的可燃物迅速疏散、清除,或用隔热材料隔离。

二、热对流

热对流又称对流,是指流体各部分之间发生的相对位移,冷热流体相互掺混引起热量传递的现象。热对流中热量的传递与流体流动有密切关系。流体存在温差,在发生对流的同时,也必然存在导热现象,但导热在整个传热中处于次要地位。

(一) 热对流的分类

热对流是指物体中质点发生相对位移而引起的热量交换,热对流是流体所特有的一种传热的方式,其中只有流体的质点能发生相对位移。根据引起对流的原因不同可分为自然对流和强制对流。

自然对流是指流体的运动是由自然力引起的。流体原来是静止的,但由于内部的温度不同、密度不同,造成流体内部上升、下降运动而发生对流。自然对流传热的机理是,当流体的一部分被加热时,密度降低,由于密度差而产生了浮力,结果较轻的流体微团上升,较重的(较冷的)流体微团下沉,使流体产生对流,并把热量由高温区带到低温区。例如,高温设备附近空气受热膨胀向上流动及火灾中热气体(主要是气态燃烧产物)的上升流动,而冷(新鲜)空气则与其做相反方向流动。

强制对流是指流体在某种外力的强制作用下运动而发生的对流,流体微团的空间移动是机械力引起的。例如,鼓风机、压气机、泵等产生的外力能使气体、液体产生强制对流。在发生火灾时,如果通风机械还在运行,就会成为火势蔓延的主要途径。使用防烟、排烟等强制对流设施,就能抑制烟雾扩散和自然对流;煤矿火灾用强制对流改变风流方向,可控制火势发展。

(二) 影响热对流的主要影响因素

(1)通风孔洞面积和高度。实验证明:热对流速度与通风口面积和高度成正比。通风孔洞越多,各个通风孔洞的面积越大、越高,热对流速度越快。

(2)温度差。燃烧时火焰温度越高,它与环境温度的温差越大,则燃烧区的热空气密度与非燃烧区的冷空气密度相差就越大,热对流速度也就越快。

(3)通风孔洞所处位置的高度。一般而言,通风孔洞所处位置越高,热对流速度越快。

(4)风力和风向。风能加速气体对流。风越大,不仅热对流速度越快,而且能使房屋表面出现正负压力,在建(构)筑物周围形成旋风地带;风向的改变,会改变气体的对流方向。

（三）热对流与火灾

热对流是火灾中热量传递的重要方式之一，尤其是发生在建筑内的火灾，它是影响初期火灾发展的最主要因素。

高温热气流能加热它流经途中的可燃物，会引起新的燃烧，热气流能够往任何方向传递热量，但一般总是向上传播；由起火房间延烧至楼梯间、走廊，主要是热对流的作用；通过通风孔洞进行的热对流，可使新鲜空气不断流进燃烧区，使燃烧持续发生；含有水分的重质油品燃烧时，由于热对流的作用，容易发生沸溢或喷溅。

为了防止火势通过热对流蔓延，在火场中应设法控制通风口，冷却热气流（包括重质油品贮罐）或把热气流导向没有可燃物或火灾危险较小的方向。

（四）热对流的危害与防范

（1）热对流是热传递的重要方式，它是影响初期火灾发展的最主要因素。

（2）楼层着火，多数是热对流通过建筑内部的门窗、走廊、电梯间、通风管道、空气结构等各种孔洞，使火势蔓延到整个楼层。

（3）对流的速度直接影响火灾的发展和蔓延方向。

（4）贮存在容器中的易燃、可燃液体，当局部受热后，会以对流方式使整个液体温度升高、蒸发加快、压力增大，有可能致使容器破裂，或蒸气逸出遇引火源而发生燃烧、爆炸。

（5）含有水的、黏度较大的重质石油产品（原油、重油等），发生火灾时由于热对流的传热作用，在一定条件下，有可能出现喷溅或沸溢式燃烧，造成不良后果，加重火灾的危害，对此，在扑救这类火灾场所时，应予以充分重视并采取相应的防范措施，将可能造成的危害降至最低程度。

（6）火灾发生时，应设法半闭能引起气体对流的各种门窗孔洞；用排烟机把高温热烟导向没有可燃物和人员的地方；用喷雾水冷却和降低烟气流的温度；对盛装易燃、可燃液体的容器壁用大量的水及时冷却，以防对流传热引起容器内液体蒸发加快，压力增加而导致的危险。

（7）由于热对流的作用，炽热的浓烟向上升腾速度较快。据测试，烟垂直向上的流速可达 $3\sim5$ m/s；水平方向的流速，在顶棚下为 $0.5\sim1.0$ m/s，烟水平的流速低于人在水平地面疏散的速度（$1.5\sim2.0$ m/s），但高于人上楼梯的速度（0.5 m/s）。

三、热辐射

任何物体只要其绝对温度大于零度，都会不停地以电磁波的形式向外辐射能量；同时，又不断吸收来自外界其他物体的辐射能。当物体向外界辐射的能量与其从外界吸收的辐射能不等时，该物体与外界就产生热量的传递，这种传热方式称为热辐射。

热辐射是一种通过电磁波传递能量的过程。一切物体都能以这种方式传递能量，而不借助任何传递介质。通常在高温下热辐射才是主要方式。

热辐射现象在自然界中普遍存在。例如，太阳供给地球的大量能量就是靠辐射方式传递的，火场中可燃物燃烧的火焰，主要是以辐射的方式向周围传播热能。因此，防止热辐射是阻止火势扩展和扑灭火灾的重要措施，例如在建筑防火中所设立的防火间距，主要是考虑防止火焰辐射引起相邻建筑着火的间隔距离。

（一）热辐射的特点

（1）发射辐射热是各类物质的固有特征。

（2）任何物体不但能从自己的表面发射辐射热，而且也可吸收其他物体发射的并投射到它表面的辐射热。

（3）热辐射过程伴随着能量形式的两次转化，即物体发射辐射热时，热能转换为辐射能；物体吸收辐射热时，辐射能转换为热能。

（4）热辐射不需要通过任何介质，它能把热量穿过真空从一个物体传给另一个物体。

（5）当有两个物体并存时，温度较高的物体将向温度较低的物体辐射热能，直至两个物体温度渐趋平衡。

（6）辐射热辐射至另一物体表面上后，可能部分被吸收，部分被反射，还有部分可能穿透过去。

（二）影响辐射传热的因素

根据斯蒂芬-玻尔兹曼定律，绝对温度为 T 的物体单位时间发射的能量为

$$Q = \varepsilon \delta T^4 F \tag{2-41}$$

式中　ε——辐射率，计算时可视为常数；

　　　F——发射表面积，m^2；

　　　δT^4——从辐射物表面发射出来的辐射强度，其中 δ 为斯蒂芬-波尔兹曼常数，$\delta = 5.67 \times 10^{-8} W/(m^2 \cdot K^4)$。

1. 温度

实验证明：一个物体在单位时间内辐射的热量与其表面积的绝对温度的四次方成正比。

热源温度越高，辐射强度越大。当辐射热达到可燃物质自燃点时，便会立即引起着火。辐射热与热源温度的关系见表2-17。

表2-17　辐射热与热源温度的关系

热源温度/℃	辐射热增加位数（Q^4）
1	1
2	14
3	81

2. 距离

实验证明，受辐射物体与辐射热源之间的距离的平方成反比。距离越大，受到的辐射热越小。反之，距离越近，接受的辐射热越多。其中，辐射热与热源距离的关系见表2-18。

表2-18　辐射热与热源距离的关系

热源距离/m	辐射热减少的倍数
1	1
2	4
3	9

3. 相对位置

在表面面积、温度确定的条件下,表面发出的辐射能由于表面之间的相对位置不同,从而使得黑体发出的辐射能落到对方上的数量不同。

4. 物体表面情况

物体的颜色越深,表面越粗糙,吸收的辐射热越多;表明光亮,颜色较淡,反射的辐射热越多;透明物体仅吸收一小部分辐射热,其余辐射热能穿透透明物体。

(三)辐射热与火灾

(1)火场上可燃物燃烧形成的火焰,主要以辐射的方式向周围传递热量。

(2)辐射热作用于附近密闭容器(罐、瓶),会使容器内的气体或液体受热膨胀,当内部压力超过其耐压强度就有可能使容器爆炸(爆裂),导致可燃气体或液体外溢。

(3)为了防止和阻止火势通过热辐射蔓延,可采取下列基本措施:

①在油罐壁上涂刷银粉;

②在危险品仓库的窗户玻璃上涂抹白漆;

③建筑物之间的防火间距满足规范要求;

④石油化工塔群之间设置水幕;

⑤灭火时利用移动屏障或水枪水帘遮断和减少辐射热;

⑥设法冷却受到辐射热作用的物体;

⑦疏散、隔离和消除受辐射热威胁的可燃物。

(四)热辐射的危害与防范

(1)热辐射的强度(热度),与火焰温度的4次方成正比。当火灾处于发展阶段、火焰温度高时,辐射热就成为热传播的主要形式。辐射热是决定建筑物之间防火间距的重要因素。所以,在可燃建(构)筑物或可燃货堆之间应留出足够的防火间距;或在可燃建(构)筑物的外露部分采用难燃、不燃材料、砌筑防火墙,设固定水幕或消防喷淋设施等,可以阻挡热辐射的传播。

(2)为了减弱受到的辐射热量,可增加受辐射物体与辐射源的距离和夹角。在火场灭火中,水枪手应选择有利的位置和适当的角度,以减少受到的辐射热量。

(3)灭火时,可利用移动式屏障或水枪喷射的水幕,遮断或减少辐射热。对受到辐射热的建(构)筑物、储罐等不断用水或泡沫进行冷却,以降低其温度;有限度地拆除毗连的易燃建(构)筑物;设法疏散、隔离和消除受辐射热威胁的可燃物质;还可用喷雾水流形成水幕来掩护灭火救援人员和受灾人员,以确保安全。

📖 **思考题**

1. 简述影响热传导的因素。

2. 简述热传导的三种方式对火灾的影响。

3. 简述热传导的三种方式的危害和防范。

第八节　火灾烟气

　　火灾烟气是火灾中致死的主要原因。火灾烟气是一种混合物,主要包括:

　　(1)可燃物热解或燃烧产生的气相产物,如未燃燃气、水蒸气、CO_2、CO 及多种有毒或腐蚀性气体。

　　(2)由于卷吸而进入的空气。

　　(3)多种微小的固体颗粒和液滴。除极少数情况外,所有火灾中都会产生大量烟气。由于遮光性、毒性和高温的影响,火灾烟气对人员健康构成极大的威胁。统计表明,85% 以上的火灾死亡者死于烟气危害,其中大部分是吸入了烟尘及有毒气体(主要是 CO)昏迷后而致死的。因此,研究火灾中烟气的产生、危害性、浓度、温度等具有重要意义。

　　可燃物完全燃烧将转化为稳定的气相产物,但扩散燃烧很难实现完全燃烧。燃烧反应物的混合基本上由浮力诱导产生的湍流流动控制,其中存在着较大的组分浓度梯度。在氧浓度较低的区域,部分可燃挥发成分将经历一系列的热解反应,从而导致多种组分分子生成。例如,多环芳香烃碳氢化合物和聚乙烯可认为是火焰中碳烟颗粒的前身。它们在燃烧过程中,会因受热裂解产生一系列中间产物,中间产物还会进一步裂解成更小的"碎片",这些小"碎片"会发生脱氢、聚合、环化,最后形成碳烟粒子。图 2-4 是聚氯乙烯形成碳烟粒子的过程。

　　正是碳烟颗粒的存在才使扩散火焰发出黄光。这些小颗粒的直径为 10 ~ 100 nm,它们可以在火焰中进一步氧化。如果温度和氧浓度都不够高,它们便以碳烟的形式离开火焰区。母体可燃物的化学性质对烟气的产生具有重要的影响。少数可燃物质(如一氧化碳、甲醛、乙醚、甲酸、甲醇等)的燃烧产物在"热辐射"光谱范围($0.4 \sim 100 \, \mu m$)内是完全透明的,或以某些不连续波带吸收(或发射)辐射能,不能呈现黑体或灰体连续吸收和辐射的特征,因而,燃烧的火焰不发光,且基本上不产生烟。但在相同条件下,大部分可燃液体和固体燃烧时会明显产生烟。材料的化学组成是决定烟气产生量的主要因素。可燃物分子中碳氢比值不

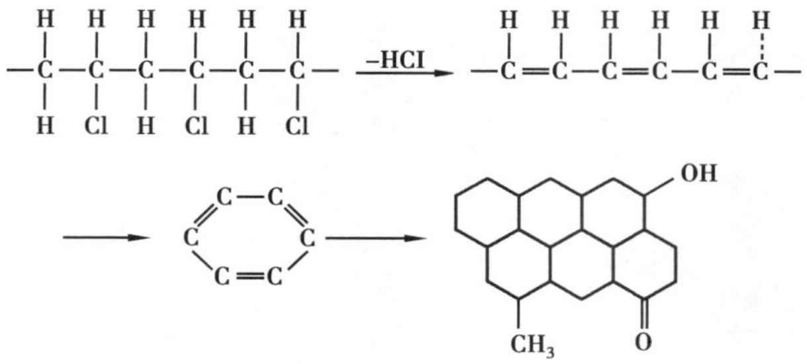

图 2-4　聚氯乙烯形成碳烟粒子的过程

同,生成碳烟的能力不一样。碳氢比值越大,产生碳烟的能力越大。可燃物分子结构对碳烟的生成也有较大影响。环状结构的芳香族化合物(如苯、萘)的生成碳烟能力比直链的脂肪族化合物(烷烃)高。

氧气供给速率是影响燃烧发烟量的另一个重要因素。氧供给充分,碳原子与氧生成 CO_2 或 CO,碳烟粒子生成少,或者不生成碳烟粒子;氧供给不充分,碳烟粒子生成多,烟雾很大。

一、烟气的主要成分

表 2-19 列出了各种聚合物材料的主要热分解产物和燃烧产物。可以看出,燃烧产物中含有 CO、CO_2、HCN、HCl、SO_2、NO_2 等气态产物。

表 2-19　各种聚合物材料的主要热分解产物和燃烧产物

材料名称	代号	热分解产物	燃烧产物
烯烃	—	烯烃、链烷烃、环烷烃	CO、CO_2
聚苯乙烯	PC	苯乙烯单体及其二聚物、三聚物	CO、CO_2
聚氯乙烯	PVC	氯化氢、芳香族化合物、多环状	HCl、CO、CO_2
含氟聚合物	—	四氟乙烯、八氟异丁烯	HF
聚甲基丙烯酸甲酯	PMMA	丙烯酸酯单体	CO、CO_2
聚乙烯醇	PVA	己醛、醋酸	CO、CO_2、醋酸
尼龙 6	PA-6	己内酰胺	CO、CO_2、NH_3
尼龙 66	PA-66	胺、CO、CO_2	CO、CO_2、NH_3、胺
酚醛树脂	PF	苯酚、甲醛	CO、CO_2、甲酸
脲树脂	UF	氨、甲胺、煤灰状残渣	CO、CO_2、NH_3
环氧树脂	EP	苯酚、甲醛	CO、CO_2、甲酸
聚对苯二甲酸乙二醇酯	PET	烯烃、苯甲酸	CO、CO_2
聚硅氧烷	SI	SiO_2、CO、甲酸	SO_2、CO、CO_2、甲酸
醋酸纤维素	CA	CO、CO_2、醋酸	CO、CO_2、醋酸
硝酸纤维素	CN	CO、氧化氮	CO、CO_2、氧化氮
天然橡胶	NR	双戊烯、异戊二烯	CO、CO_2

续表

材料名称	代号	热分解产物	燃烧产物
氯丁橡胶	CR	氯丁二烯	HCl、CO、CO_2
氯丁-丁腈橡胶	CR-NBR	丙烯腈、氯丁二烯、丁二烯	HCl、NO_2、CO、CO_2
丁腈橡胶	NBR	丙烯腈、丁二烯	CO、CO_2、NO_2
聚醚型聚氨酯橡胶	EU	苯、硝基苯、苯胺、甲苯等	CO、CO_2、NO_2
丁二烯橡胶	BR	丁二烯	CO、CO_2
异戊二烯橡胶	IR	异戊二烯、丁二烯	CO、CO_2
乙丙橡胶	EPM	乙烯、丙烯	CO、CO_2

二、烟气的危害性

(一)缺氧、窒息作用

在火灾现场,由于可燃物燃烧消耗空气中的氧气,使烟气中的氧含量大大低于人们正常生理所需要的数值,从而给人体造成危害。表 2-20 列出了氧浓度下降对人体的危害。

表 2-20　氧浓度下降对人体的危害

氧浓度/%	对人体的危害情况
16 ~ 12	呼吸和脉搏加快,引起头疼
14 ~ 9	判断力下降,全身虚脱,发绀
10 ~ 6	意识不清,引起痉挛,6 ~ 8 min 死亡
6	为 5 min 致死浓度

二氧化碳是许多可燃物的主要燃烧产物。在空气中,CO_2 含量过高会刺激呼吸系统,引起呼吸加快,从而产生窒息作用。表 2-21 列出了不同浓度的 CO_2 对人体的影响。

表 2-21　不同浓度的 CO_2 对人体的影响

CO_2 浓度/%	对人体的影响情况
1 ~ 2	有不适感
3	呼吸中枢受刺激、呼吸加快、脉搏加快、血压上升
4	头疼、晕眩、耳鸣、心悸
5	呼吸困难,30 min 产生中毒现象
6	呼吸急促,呈困难状态
7 ~ 10	数分钟内呈意志不清,出现紫斑,死亡

(二)毒性、刺激性及腐蚀性作用

燃烧产物中含有多种有毒和刺激性气体。在着火房间等场所,这些气体的含量极易超过人们正常生理所允许的浓度,造成中毒或刺激性危害。有的产物或水溶液具有较强的腐蚀性作用,会造成人体组织坏死或化学灼伤等危害。表 2-22 列出了各种气体的毒性、刺激性、腐蚀性及其许可浓度。

表 2-22　各种气体的毒性、刺激性、腐蚀性及其许可浓度

气体名称	长期允许浓度 mg/m³	火灾疏散条件浓度 mg/m³	分类
CO	50	2 000	毒害性、化学窒息性
CO_2	5 000	3%（体积百分数）	毒害性、单纯窒息性
HCN	10	200	毒害性、化学窒息性
H2S	10	1 000	毒害性、化学窒息性
HCl	5	3 000	刺激性、腐蚀性
NH_3	50	—	刺激性
Cl_2	1	—	毒害性、刺激性
HF	3	100	刺激性、腐蚀性
$COCl_2$	0.1	25	毒害性、化学窒息性
NO_2	5	120	刺激性、腐蚀性
SO_2	5	500	刺激性、腐蚀性

研究表明,火灾中的死亡人员约有一半是由 CO 中毒引起的,另外一半则是由直接烧伤、爆炸压力以及其他有毒气体引起的。对火灾死亡人员进行的生理解剖表明,CO 和 HCN 是主要的致死毒气。

火灾烟气的毒性不仅来自气体,还可能来自悬浮固体颗粒或吸附于烟尘颗粒上的物质。尸检表明,大多数死者的气管和支气管中含有大量的烟灰沉积物、高浓度的无机金属等。

（三）烟气的减光性

可见光的波长 λ 为 $0.4 \sim 0.7$ μm,而一般火灾烟气中碳烟粒子的粒径 d 为几微米到几十微米。由于 $d>2\lambda$,因此,碳烟粒子对可见光是不透明的。在火场上弥漫的烟气会严重影响人员的视线,使人员难以寻找起火地点,辨别火势发展方向和寻找安全疏散路线。同时,烟气中有些气体对人眼有极大的刺激性,使人睁不开眼而降低能见度,因而延长了人员的疏散时间,使人员在高温有毒环境中停留时间增加。试验证明,室内火灾在着火后 15 min 左右,烟气的浓度最大,此时的能见距离一般只有数十厘米。

烟气遮光性的表征参数主要有光学密度、减光系数、百分遮光度和能见,具体定义如式(2-42)—式(2-45)所示。

$$D_0 = -\lg\left(\frac{I}{I_0}\right) \tag{2-42}$$

$$K_C = \frac{-\lg\left(\dfrac{I}{I_0}\right)}{L} \tag{2-43}$$

$$B = \frac{I_0 - I}{I_0} \times 100 \tag{2-44}$$

$$V = \frac{R}{K_C} \tag{2-45}$$

式中　L——光束经过的空间段的长度,m;

　　　I—— 该光束离开测量空间段时射出的强度;

　　　I/I_0——该空间的透射率,% ;

　　　D_0——单位长度的光学密度,1/m;

　　　K_C——烟气的减光系数,1/m;

　　　B——烟气的百分遮光度,% ;

　　　V——能见度,m;

　　　R——比例系数。

在消防上,按减光系数的大小对发烟程度进行分级。当 $0 < K_C < 0.1$ 时,发烟程度为极少;当 $0.1 < K_C < 0.5$ 时,发烟程度为少;当 $0.5 < K_C < 1.0$,发烟程度为较多;$K_C > 1.0$ 时为多。发生火灾时,对建筑物内部通道熟悉的人,减光系数的允许临界值为 1.0;对内部不熟悉者,减光系数的允许临界值应在 0.2 以下。

烟气遮光性测量数据可用于评估火灾场所的能见度,也可为火灾探测器的开发提供基本数据。目前,最具代表性的测量方法是 NBS 烟箱法。

(四)烟气的爆炸性

烟气中的不完全燃烧产物,如 CO、H_2S、HCN、NH_3、苯、烃类等,一般都是易燃物质,而且这些物质的爆炸下限都不高,极易与空气形成爆炸性的混合气体,使火场有发生爆炸的危险。

(五)烟气的恐怖性

火灾发生后,烟气的恐怖性会使人们的逃生速度大为降低,辨别方向的能力进一步减弱。

(六)热损伤作用

人们对高温环境的忍耐性是有限的。有关资料表明,人可短时忍受 65 ℃的环境;120 ℃的高温环境能在短时间内对人造成不可恢复的损伤;温度进一步提高,暴露者的损伤时间更短。

📖 思考题

1. 简述火灾烟气的危害性。

2. 简述火灾烟气的主要成分。

第三章　着火与灭火理论

第一节　着火与灭火的基本概念

📖 **学习目标**

　　1. 了解着火的概念。

　　2. 熟悉着火的分类及特征。

　　3. 掌握着火方式的判断。

📖 **能力目标**

　　1. 能够根据燃烧发生的特点进行着火分类。

　　2. 能够根据着火特征分析相应的灭火理论。

一、着火

　　着火是指直观中的混合物反应自动加速,并自动升温以致引起空间某个局部最终在某个时间有火焰出现的过程。着火是缓慢反应转变为高温快速反应的临界现象。着火过程是一种典型的受化学动力学控制的燃烧现象。

二、着火分类

　　按燃烧发生瞬间的特点,可燃物的着火方式一般分为点燃和自燃,自燃又分为化学自燃和热自燃。

　　1. 点燃

　　点燃又称为强迫着火,是指可燃物局部受到火花、炽热物体等高温热源的强加热作用而着火,然后依靠燃烧波传播到整个燃烧中。

　　2. 自燃

　　自燃是指可燃物在无外部火源作用下,因受热或自身发热并蓄热而发生的燃烧的现象。自燃分为热自燃和化学自燃。热自燃是指可燃物因被预先均匀加热而产生的自燃。化学自燃是指可燃物在常温常压下因化学反应产生的热量着火。

三、着火特征及影响因素

1. 着火特征

（1）着火温度：在该温度下，取决于导热性能的初始散失热量等于同样时间内因化学反应转化而形成的热量。热着火理论指出着火温度不是物质的一个专门性质，事实上它表示在正常化学过程中（可燃物和氧化剂之间的反应过程）放热的反作用的结果。

（2）着火延迟期：着火前的物理准备过程（着火前的自动加热时间）。着火延迟现象是指燃料与空气混合物在其温度高于燃料着火温度的情况下并不立即着火燃烧的一种现象。

2. 影响着火的因素

影响着火的主要因素有燃料性质、燃料与氧化剂的比例环境压力及温度、气流速度、燃烧室尺寸等。

四、着火条件

如果在一定的初始条件下，系统将不能在整个时间区段保持低温水平的缓慢反应态，而将出现一个剧烈的加速的过渡过程，使系统在某个瞬间达到高温反应态，即达到燃烧态，那么这个初始条件就是着火条件，即反应从某一瞬间或某一位置开始产生自动加速，迅速达到高温状态的初始条件或边界条件。

着火是化学动力学和传热传质的相互作用，因此着火条件并不是一个简单的初温条件，它是化学动力学因素和传热传质因素相互作用的结果。着火条件可用以下的函数关系表示：

$$f(T_0, h, p, d, u_\infty) = 0 \tag{3-1}$$

式中　　T_0——环境温度；

　　　　h——对流换热系数；

　　　　p——预混气压力；

　　　　d——容器直径；

　　　　u_∞——环境气流速度。

着火过程中的化学反应速率曲线如图 3-1 所示。

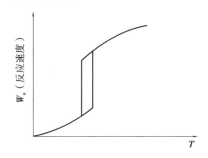

图 3-1　着火过程中的化学反应速率曲线

综上，达到着火条件并不意味着可燃物已经着火，我们需要正确地理解着火条件：

（1）达到着火条件，只是具备着火的可能。

（2）着火条件指的是系统初始应具备的条件。

（3）着火条件是多种因素的总和。

📖 **思考题**

1. 下列着火方式各属什么类型?

①植物油生产车间热锅中植物油着火。

②沉积于热管道上的可燃粉尘引起的爆炸。

③CaC_2遇水发生的爆炸。

④用打火机点燃香烟。

⑤新疆克拉玛依剧场着火。

2. 自燃和引燃的着火方式有什么不同?

第二节　谢苗诺夫热自燃理论

📖 **学习目标**

1. 掌握谢苗诺夫热自燃理论。

2. 熟悉放热与散热速率方程及曲线。

3. 掌握放热与散热速率的影响因素。

📖 **能力目标**

1. 能够运用谢苗诺夫热自燃理论进行灭火分析。

2. 能够根据谢苗诺夫热自燃理论分析,提出灭火措施。

一、谢苗诺夫热自燃理论基本概述

1. 基本思想

某一反应体系在初始条件下,进行缓慢的氧化还原反应,反应产生的热量同时向环境散热,当产生的热量大于散热时,体系的温度升高,化学反应速度加快,产生更多的热量,反应体系的温度进一步升高,直至着火燃烧。

2. 谢苗诺夫热自燃理论确定的研究对象和简化假设

研究对象:内部充满可燃混气的容器,容器外环境温度为T_0。

简化假设:

(1)容器体积为V,表面积为S。

(2)壁温与混气温度始终相同,开始时二者均为T_0,随着反应进行,二者温度上升为T。

(3)容器中各点的温度、浓度相同。

（4）容器中既无自然对流，也无强迫对流。

（5）环境与容器之间有对流换热，对流换热系数为 h，不随温度变化。

（6）着火前反应物浓度变化很小，即 $C_A = C_{A0} = $ 常数，或 $f = f_\infty = $ 常数，f 为质量分数，C_{A0} 和 f_∞ 分别代表初始浓度和初始质量分数。

谢苗诺夫热自燃理论物理模型图，如图 3-2 所示。

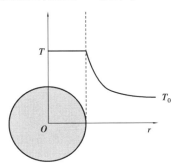

图 3-2　谢苗诺夫热自燃理论物理模型图

3. 放热速率、散热速率

（1）放热速率：单位时间体系中的混气由化学反应放出的热量，用 q_g 表示。

（2）散热速率：单位时间体系中的混气平均向外界环境散发的热量，用 q_1 表示。

4. 放热速率方程与散热速率方程

（1）放热速率方程：

$$q_g = \Delta H_C V K_n C_A^K e^{-\frac{E}{RT}} \tag{3-2}$$

（2）散热速率方程：

$$q_1 = hS(T - T_0) \tag{3-3}$$

（3）能量守恒方程：

$$q_g - q_1 = \rho V c \frac{dT}{dt}$$

$$\Delta H_c V K_n C_A^K e^{-E/RT} - hS(T - T_0) = \rho V c \frac{dT}{dt} \tag{3-4}$$

5. 放热曲线与散热曲线

放热曲线与散热曲线图如图 3-3 所示。

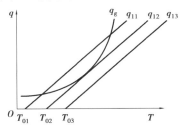

图 3-3　放热曲线与散热曲线图

例如：压力、对流换热系数不变，T_0 较低，二曲线相交于 a、b 两点。

a 点工况:当 $T<T_a$ 时,$q_g>q_1$,温度升高到 T_A;当 $T>T_a$ 时,$q_g<q_1$,温度降低到 T_A;a 点是稳定点,属于化学反应速度很小的缓慢氧化状态。

b 点工况:当 $T<T_b$ 时,$q_g<q_1$,温度降低到 T_A;当 $T>T_b$ 时,$q_g>q_1$,温度持续升高,将发生着火;b 点是不稳定点,是不可能达到的。a 点和 b 点工况示意图如图 3-4 所示。

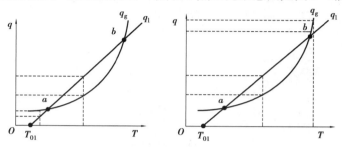

图 3-4　a 点和 b 点工况示意图

6. 放热速率的影响因素

根据放热速率方程(3-2)可知:

(1)发热量:包括氧化反应热、分解反应热、聚合反应热、生物发酵热、吸附热等,发热量越大,越容易发生自燃,发热量越小,则发生自燃所需要的蓄热条件越苛刻,越不容易着火。

(2)温度:一个自燃体系若在常温下经一段时间即可自燃,则可燃物在该散热条件下的自燃点低于常温。若自燃体系在常温下经历无限长时间也不自燃,则从热着火理论上说明该可燃物在该散热条件下的最低自燃点高于常温。若提高温度,化学反应速率加速,放热速率增加,因而体系也可能发生自燃。

(3)催化物质:催化物质可以降低反应的活化能,能加快反应速率。当然自燃点较高的物质添加少量的低自燃点的物质也认为是一种催化物质。

(4)比表面积:在散热条件相同的情况下,某种物质发生反应的比表面积越大,则与空气中氧气的接触面积越大,反应速率越快,越容易发生自燃。

(5)新旧程度:氧化反应的物质,一般情况下,其表面必须是没有完全被氧化的,即新鲜的才能自燃。

(6)压力:体系所处的压力越大,即参加反应的反应物密度越大,单位体积产生的热量越多,体系越易积累能量而发生自燃。所以,压力越大,自燃点越低。

7. 散热速率的影响因素

根据散热速率方程(3-3)可知:

(1)导热作用:可燃体系导热系数越小,则散热速率越小,体系越容易产生中心蓄热,促进反应物的进行而导致自燃。

(2)对流换热作用:从可燃体系内部经导热达到体系表面的热流由空气对流换热带走。空气的流动对可燃体系起着散热作用,通风不良的场所容易蓄热自燃。

(3)堆积方式:大量堆积的粉末或叠加的薄片有利于蓄热,其中心部位近似处于绝热状态,因而很容易自燃。评价堆积方式的参数是比表面积/体积比,此值越大,散热能量越强,自燃点越高。

二、谢苗诺夫热自燃理论的应用

谢苗诺夫热自燃理论有两个应用:预测自燃着火极限(浓度极限、温度极限、压力极限)以及反应的活化能。

1. 着火感应期

着火感应期也称为着火延迟时间、诱导期,指的是混合气由开始化学反应到燃烧出现所经历的时间。

热理论中的着火感应期:当混合气系统已经达到着火条件的情况下,由初始状态达到温度骤升的瞬间所需的时间。

2. 爆炸极限

(1)爆炸浓度极限,例如,甲烷/空气:5% ~ 15%。在压力或温度保持不变条件下,可燃物存在着火浓度下限和上限,如果体系中可燃物的浓度太大或太小,不管温度或压力有多高,体系都不会着火。

(2)爆炸压力极限,例如,甲烷/空气:小于 0.065 MPa,不爆炸。在温度或浓度保持不变的条件下,体系压力低于某一临界值,体系不会着火;压力再低于一更小的临界值,不论温度或浓度有多大,体系都不会着火。

(3)爆炸温度极限,例如,甲烷/空气:小于 690 ℃,不爆炸。在压力或浓度保持不变的条件下,体系温度低于某一临界值,体系不会着火;温度再低于一更小的临界值,不论压力或浓度有多大,体系都不会着火。

三、谢苗诺夫热自燃理论的局限性

谢苗诺夫热自燃理论的出发点就是放热因素和散热因素的大小关系,为此谢苗诺夫自燃理论有一个简化的假设模型,规定了研究对象是预混可燃气体,因为在预混可燃气体中各点的温度可以视为均匀一致。通过计算放热速率和散热速率,再通过数形结合的方法,就可以对物质的自燃行为作出预测。但是谢苗诺夫自燃理论具有一定的局限性,主要表现在以下几个方面。

1. 固体可燃物的自燃

虽然很多碳氢化合物燃料在空气中自燃的实验结果大多符合这一理论,但是,也有不少现象与实验结果是热自燃理论无法解释的,比如:氢和空气混合物的着火浓度界定的实验结果正好与热自燃理论对双分子反应的分析结果相反。

2. 氢/氧体系的"着火半岛"

在低压下一些可燃混合气如 H_2+O_2、CH_4+O_2 等,其着火的临界压力与温度的关系曲线也不像热自燃理论所提出的那样单调地下降,而是呈 S 形,有着两个或两个以上的着火界限,出现了所谓"着火半岛"的现象。这些情况都说明着火并非在所有情况下都是由放热的积累而引起的。实际上,大多数碳氢化合物燃料的燃烧过程都是极复杂的链式反应,真正简单的双分子反应却不多。热自燃理论之所以能用来解释一些实际燃烧现象,这是由于链式反应的中间反应由简单的分子碰撞构成,对于这些基元反应热自燃理论是可以应用的。但由于其整个反应的真正机理不是简单的分子碰撞反应,而是比较复杂的链式反应,如着火半岛就是由燃烧反应中的链式分枝的结果引起的一种现象。

3.烃类气体燃烧的"冷焰"现象

在低压、等温下氢与氧可以无须反应放热而由链式反应的自行加速产生自燃,这就是所谓的"冷焰"现象。

4.卤代烷的高效灭火性能

谢苗诺夫热热自燃理论是热量得到积累,温度升高,反应加速以致着火。而卤代烷的高效灭火性能,也是在接触高温表面或火焰时,分解产生的活性自由基,通过溴和氟等卤素氢化物的负化学催化作用和化学净化作用,大量捕捉、消耗燃烧链式反应中产生的自由基,破坏和抑制燃烧的链式反应,而迅速将火焰扑灭,这也是体现谢苗诺夫热自燃理论应用局限性的一方面。

📖 **思考题**

1.阐述谢苗诺夫热自燃理论的基本观点。

2.影响放热速率和散热速率的因素有哪些?

3.简述谢苗诺夫热自燃理论的两个应用。

第三节　链式反应自燃理论

📖 **学习目标**

　1.了解链式反应自燃理论。

　2.熟悉链式反应的历程及分类。

　3.掌握链式反应的着火条件。

📖 **能力目标**

　1.能够根据链式反应的反应历程进行防火灭火应用。

　2.能够分析链式反应的着火延迟期的三种情况。

20世纪初,化学家们在很多化学反应中发现了许多"反常"现象,例如,有些反应发展并不需要预先加热就可以在低温条件下以等温方式进行,且其反应速率相当大。"热自燃理论"无法解释的现象如下:

(1)"冷焰"——20世纪初,化学家发现有些化学反应的发展不需要进行加热,并且在较低的温度下即可达到较高的反应速率,如磷、乙醚蒸气在低温下的氧化等。所谓"冷焰"即反应物温度并未达到着火温度,但已出现火焰的现象。

(2)在化学反应物中添加某种物质可以使化学反应加速或减速,如水蒸气对 $2CO+$

$O_2 \Longrightarrow 2CO_2$ 起到显著的加速作用,但水蒸气本身并不燃烧。

(3)爆炸极限:"着火半岛"现象。

一、链式反应

人们意识到在反应过程中可能产生了某种活化源——"中间产物(自由基)",这时的化学反应不仅取决于反应物,还取决于中间产物,这种反应称为链式反应。

链式反应理论认为反应的自动加速不一定要靠热量的积累,也可以通过链式反应逐渐积累自由基的方法使反应自动加速,直至着火。系统中自由基数目能否发生积累是链式反应的关键,是反应过程中自由基增长因素与销毁因素相互作用的结果。

二、链式反应的基本历程

链式反应一般由 3 个步骤组成:链引发、链传递、链终止。

(1)链引发:借助光照、加热等方法使反应物分子断裂产生自由基的过程。

(2)链传递:自由基与反应物分子发生反应的步骤,即旧的自由基消失的同时产生新的自由基,从而使得化学反应能进行下去。

(3)链终止:自由基如果与器壁碰撞或两个自由基复合或自由基与第 3 个分子相撞失去能量而成为稳定分子,则链反应被终止。

例如,$H_2 + Cl_2 \longrightarrow 2HCl$ 由以下反应构成:

链引发:$Cl_2 + M \longrightarrow 2Cl \cdot + M$

链传递:

$H_2 + Cl \cdot \longrightarrow 2Cl \cdot + HCl$

$H \cdot + Cl_2 \longrightarrow HCl + Cl \cdot$

……

链终止:$2Cl \cdot + M \longrightarrow Cl_2 + M$

三、链式反应的分类

(1)直链反应。直链反应在链传递中每消耗一个自由基的同时又生成一个自由基,直到链终止,直链反应即自由基数目不变的反应。如前述反应:

$$H_2 + Cl_2 \longrightarrow 2HCl$$

$$\rightarrow \cdot \rightarrow \cdot \rightarrow \cdots \rightarrow \cdot \rightarrow \cdot \rightarrow$$

(2)支链反应。支链反应是指一个自由基在链传递过程中生成最终产物的同时产生两个或两个以上自由基,自由基的数目在反应过程中是随时间增加的,反应速率也是加速的。支链反应中原子数目增加示意图如图 3-5 所示。

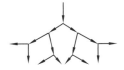

图 3-5　支链反应中原子数目增加示意图

(3)支链反应举例:$H_2 + O_2 \longrightarrow 2H_2O$

链引发:$H_2 \longrightarrow 2H \cdot$

链传递：

$$H \cdot + O_2 \longrightarrow HO \cdot + O \cdot$$

$$O \cdot + H_2 \longrightarrow H \cdot + HO \cdot$$

$$HO \cdot + H_2 \longrightarrow H_2O + H \cdot$$

$$HO \cdot + H_2 \longrightarrow H_2O + H \cdot$$

链终止：

$$2H \cdot \longrightarrow H_2$$

$$H \cdot + HO \cdot \longrightarrow H_2O$$

相加得：$H \cdot + 3H_2 + O_2 \longrightarrow 2H_2O + H \cdot$

四、链式反应的化学反应速率及着火条件

1. 链式反应中的化学反应速率

假设：n_0 为反应开始时由于引发因素反应物分解为自由基的速率（链引发速率），由于引发过程是个困难的过程，故 n_0 一般比较小；f 为分支链生成自由基的反应速率（分支链反应速率），根据阿仑尼乌斯定律，可知

$$f = k_{01} e^{-\frac{E_1}{RT}} \tag{3-5}$$

由于分支过程是分子稳定分解生成自由基的过程，需要吸收能量，因此温度对其有较大的影响，温度升高，f 增大，即活化分子的浓度增加。

在链终止过程中，自由基与器壁相碰撞或自由基之间的复合而失去能量，变成稳定分子，自由基随之销毁。

设 g 为链终止反应速率，则

$$g = k_{02} e^{-\frac{E_2}{RT}} \xrightarrow{E_2 = 0} k_{02}（常数） \tag{3-6}$$

由于链终止反应是复合反应，不需要吸收能量（实际上会放出微小的能量），在着火条件下，g 与 f 相比，较小，因此一般认为温度对 g 影响较小，可看作与温度近似无关。

假设整个链式反应过程中自由基浓度为 n，则自由基随时间的变化关系可表示为

$$\frac{dn}{dt} = n_0 + fn - gn$$

令 $f - g = \varphi$，则上式可改写为

$$\frac{dn}{dt} = n_0 + \varphi n$$

当 $t = 0$ 时，$n = 0$，积分可得

$$n = \frac{n_0}{\varphi}(e^{\varphi t} - 1)$$

若 a 表示链传递过程中一个自由基参加反应生成最终产物的分子数，则最终产物的生成速率（反应速率）w 可表示为

$$w = afn = af \frac{n_0}{\varphi}(e^{\varphi t} - 1) \tag{3-7}$$

2.链式反应的着火条件

在链引发过程中,自由基生成速率 n_0 很小,可以忽略,引起自由基数目变化的主要因素是链传递过程中链分支引起的自由基增长速率 f 和链终止过程中自由基的销毁速率 g。因此,下面将针对 f 和 g 的相对关系的分析找出着火条件。

(1)讨论一。

在低温时,f 较小(受温度影响较大),相比而言,g 显得较大,故:

$\varphi = f - g < 0$,反应速率则为

$$w = \frac{an_0 f}{-|\varphi|}(e^{-|\varphi|t} - 1) \xrightarrow{t \to \infty} \frac{an_0 f}{|\varphi|} \tag{3-8}$$

这表明,在 $\varphi = f - g < 0$ 的情况下,自由基数目不能积累,反应速率不会自动加速,反应速率随时间的增加只能趋势某一微小的定值,因此,当 $f < g$ 时,系统不会着火。

(2)讨论二。

随着系统温度的升高,f 增大,g 不变,当 $f > g$ 时,$\varphi = f - g > 0$,反应速率为

$$w = afn = af \frac{n_0}{\varphi}(e^{\varphi t} - 1) \tag{3-9}$$

因此,随着时间的增加,反应速率呈指数级加速,系统会发生着火。

(3)讨论三。

当 $f = g$ 时,$\varphi = 0$,由

$$\frac{dn}{dt} = n_0 + fn - gn \text{ 及 } n = n_0 t$$

可得

$$w = fan_0 t \tag{3-10}$$

反应速率随时间增加呈线性加速,系统处于临界状态。

反应速率与时间的关系如图 3-6 所示。

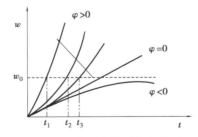

图 3-6　反应速率与时间的关系

五、链式反应理论的着火延迟期

链式反应的着火延迟期有以下 3 种情况。

(1)当 $\varphi < 0$ 时,系统的化学反应速率趋于一常量,反应不会自动加速,系统不会着火,着火延迟期 $\varGamma = \infty$。

(2)当 $\varphi > 0$ 时,若 φ 较大,则 $\varphi \approx f$

$$w = \frac{fan_0}{\varphi}(e^{\varphi\tau} - 1) \approx \frac{fan_0}{\varphi}e^{\varphi\tau} = an_0 e^{\varphi\tau}, \quad \tau = \frac{\ln(w/an_0)}{\varphi}, \text{其中 } \varGamma\varphi = \text{常数}。$$

(3)当 $\varphi=0$ 时,此时自由基的生成速率等于自由基的销毁速率,处于一种极限情况。

📖 **思考题**

1. 链式反应理论适用的对象及其与热着火理论的异同是什么?

2. 链式反应可以分为哪几个阶段?

3. 简述链式反应理论的着火延迟期的 3 种情况。

第四节　电火花点燃理论

📖 **学习目标**

　1. 了解电火花点火机理。

　2. 掌握最小点火能量及电极熄火距离。

📖 **能力目标**

　1. 能够运用最小点火能量来分析灭火。

　2. 能够运用静电产生的原因采取灭火措施。

一、电火花引燃

1. 电火花点火的机理

电火花点火的机理:一是着火的热理论,它把电火花看作一个外加的高温热源;二是着火的电理论,火花部分的放电气体被电离而形成活性中心,提供了进行链式反应的条件,由链式反应的结果使混合气燃烧起来。

2. 电火花的种类

(1)电气火花。

电气火花是电气设备自身携带的潜在点燃源,是电极间的击穿放电,通常当电气线路断开或短路、电气设备起制动或电气设备超负荷运行时易产生电气火花。

(2)静电火花。

静电火花产生的原因是高压击穿空气,产生电离的现象,火花就是电荷流过的路径。静电是一种常见的带电现象,在一定条件下,很多运动的物体与其他物体分离的过程中(比如摩擦),就会带上静电。固体、液体和气体多会带上静电。如在干燥的季节人体就很容易带上很高的静电而遭受静电电击。其电压高达几千伏,甚至上万伏(电流小)。静电放电就会产生火花。

3.电火花引燃机理

电火花引燃是发动机燃烧室中应用最普遍的点火方式,也是实验室测试可燃气体的燃烧性能和爆炸极限等其他参数的最常用点火方式。

电火花引燃的理论有两种,一是着火的热理论,它把电火花看作一个外加的高温热源;二是着火的电理论,火花部分的放电气体被电离而形成活性中心,提供了进行链式反应的条件,由于链式反应的结果使混合气燃烧起来。实验表明,这两种机理都同时存在,一般而言,低压时电离作用是主要的,但当电压提高后,主要是热作用。

根据热理论,电火花引燃预混气体大体可以划分为两个阶段。首先是电火花加热预混气体,使局部混气着火,形成初始的火焰中心,随后初始的火焰中心向未燃混气传播使整个预混气体燃烧。如果能够形成初始火焰中心并出现稳定的火焰传播,则表明引燃成功。

点火花引燃的特点是所需要能量不大,如化学计量浓度的氢气-空气预混气体,电火花引燃的能量仅需 0.02 mJ。

电火花引燃,通常由放在可燃混气体中的两根电极间产生电火花放电来实现。电火花可以用电容放电或感应放电来实现,电容放电是依靠电容器快速放电来产生;而感应放电则是用断电器使电路断开引起的。以电容放电为例,放电能量为

$$E = \frac{1}{2}(CV_2^2 - CV_1^2) \tag{3-11}$$

式中　C——电容器电容,F;

　　　V_1、V_2——产生火花前后电容器的电压,V。

4.最小引燃能量(E_{min})

最小引燃能量(E_{min})为形成初始火焰中心所需的最小放电能量,E_{min} 与电极间隙、混气比、温度、压力有关。在室温及 0.1 MPa 下化学计量混合剂的淬熄距离和着火能量见表3-1。

表3-1　在室温及 0.1 MPa 下化学计量混合剂的淬熄距离和着火能量

燃料	氧化剂	d_p/mm	E_{min}/4.186× 10^{-5} J	燃料	氧化剂	d_p/mm	E_{min}/4.186× 10^{-5} J
氢	45%溴	3.65	—	n-戊烷	Air	3.30	19.60
氢	Air	0.64	0.48	苯	Air	2.79	13.15
氢	O_2	0.25	0.10	环己烷	Air	3.30	20.55
甲烷	Air	2.55	7.90	环己烷	Air	4.06	32.98
甲烷	O_2	0.30	0.15	n-己烷	Air	3.56	22.71
乙炔	Air	0.76	0.72	1-己烷	Air	1.87	5.24
乙炔	O_2	0.09	0.01	n-庚烷	Air	3.81	27.49
乙烯	Air	1.25	2.65	异辛烷	Air	2.84	13.71
乙烯	O_2	0.19	0.06	n-烷	Air	2.06	7.21
丙烷	Air	2.03	7.29	1-烷	Air	1.97	6.60
丙烷	Ar+air	1.04	1.84	n-丁苯	Air	2.28	8.84
丙烷	He+air	2.53	10.83	氧乙烯	Air	1.27	2.51

续表

燃料	氧化剂	d_p/mm	$E_{min}/4.186\times 10^{-5}$ J	燃料	氧化剂	d_p/mm	$E_{min}/4.186\times 10^{-5}$ J
丙烷	O_2	0.24	0.10	氧丙烯	Air	1.30	4.54
1-3 丁二烯	Air	1.25	5.62	甲基甲酸盐	Air	1.65	14.82
异丁烷	Air	2.20	8.22	二乙基醚	Air	2.54	11.71
二硫化碳	Air	0.51	0.36				

5. 最小点火能量

最小点火能量也称为引燃能、最小火花引燃能或临界点火能,是指使可燃气体和空气的混合物起火所必需的能量临界值,是引起一定浓度可燃物质或爆炸所需要的最小能量。

混合气体的浓度对点火能量有较大的影响,通常可燃气体浓度高于化学计量浓度时,所需要的点火能量最小;或点火源的能量小于最小能量,可燃物就不能着火。所以最小点火能量也是一个衡量可燃气体、蒸气、粉尘燃烧爆炸危险性的重要参数。

6. 电极熄火距离

不能引燃混气的电极间的最大距离称为电极熄火距离。

最小引燃能量 E_{min} 与电极熄火距离 d 有关(图 3-7):

$$E_{min} = Kd_p^2 \tag{3-12}$$

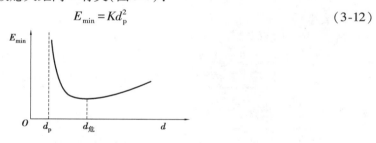

图 3-7 最小引燃能量与电极熄火距离的关系

7. 电极危险距离

在给定的条件下,电极距离有一最危险值,电极距离大于或小于最危险值时,最小引燃能增加。

二、静止混气中电火花引燃最小能量的半经验公式

假设条件:火花加热区是球形,最高温度是混气理论燃烧温度 T_m,温度均匀分布,环境温度为 T_∞;引燃时,在火焰厚度 δ 内形成由温度 T_m 变成 T_∞ 的线性温度分布;电极间距离足够大,忽略电极的熄火作用;反应为二级反应。

电火花点火模型如图 3-8 所示。

1. 最小火球半径

$$\frac{4}{3}\pi r_{min}^3 K_{os}\Delta H_c \rho_\infty^2 f_F \cdot f_{ox} e^{-\frac{E}{RT_m}} = -4\pi r_{min}^2 K\left(\frac{dT}{dr}\right)_{r=r_{min}} \tag{3-13}$$

上式右边的温度梯度可近似简化为:

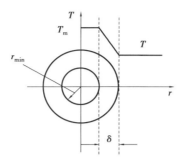

图 3-8　电火花点火模型

$$-\left(\frac{\mathrm{d}T}{\mathrm{d}r}\right)_{r=r_{\min}}=\frac{T_{\mathrm{m}}-T_{\infty}}{\delta}$$

式中 δ 为层流火焰前沿厚度。若进一步假定：$\delta=Cr_{\min}$

$$r_{\min}=\left[\frac{3K(T_{\mathrm{m}}-T_{\infty})\,\mathrm{e}^{\frac{E}{RT_{\mathrm{m}}}}}{CK_{\mathrm{os}}\Delta H_{\mathrm{c}}\,\rho_{\infty}^{2}f_{\mathrm{F}}\cdot f_{\mathrm{ox}}}\right]^{\frac{1}{2}} \tag{3-14}$$

2.电火花引燃最小能量 $E_{\min}$ 公式

$$E_{\min}=K_{1}\frac{4}{3}\pi r_{\min}^{3}\bar{C}_{\mathrm{p}}\rho_{\infty}(T_{\mathrm{m}}-T_{\infty}) \tag{3-15}$$

式中 K_{1} 为修正系数,代入最小着火半径,整理可得：

$$E_{\min}=K\bar{C}_{\mathrm{p}}\lambda^{\frac{3}{2}}\Delta H_{\mathrm{c}}^{-\frac{3}{2}}f_{\mathrm{F}}^{-\frac{3}{2}}f_{\mathrm{ox}}^{-\frac{3}{2}}\rho_{\infty}^{-2}(T_{\mathrm{m}}-T_{\infty})^{\frac{5}{2}}\mathrm{e}^{\frac{3E}{2RT_{\mathrm{m}}}} \tag{3-16}$$

3.影响电火花引燃的主要因素

(1)热容越大,最小引燃能 $E_{\min}$ 越大,混气不容易引燃。因为热容大,混气升温时吸收的热量多。

(2)导热系数 K 越大,最小引燃能 $E_{\min}$ 越大,混气不容易引燃。因为火花能量被迅速传导出去,使与火花接触的混气温度不易升高。

(3)燃烧热越大,最小引燃能 $E_{\min}$ 越小,混气容易引燃。

(4)混气压力越大,即密度大,最小引燃能 $E_{\min}$ 越小,混气容易引燃。

(5)混气初温越高,最小引燃能 $E_{\min}$ 越小,混气容易引燃。

(6)混气活化能 E 越大,最小引燃能 $E_{\min}$ 越大,混气不容易引燃。

三、静电简介

1.静电的产生

所谓静电,就是一种处于静止状态的电荷或不流动的电荷。当电荷聚集在某个物体上或表面时就形成了静电,电荷分为正电荷和负电荷两种,因此静电现象也分为正静电和负静电两种。当正电荷聚集在某个物体上时就形成了正静电,当负电荷聚集在某个物体上时就形成了负静电,但无论是正静电还是负静电,当带静电物体接触零电位物体或与其有电位差的物体时都会发生电荷转移,就是我们日常见到的火花放电现象。例如,北方冬天天气干燥,人体容易带静电,当接触他人或金属导电体时就会出现放电现象。人会有触电的针刺感,夜间能看到火花,这是化纤衣物与人体摩擦,使人体带上正静电的原因。

2. 静电产生的原因

任何物质都是由原子组合而成的,而原子的基本结构为质子、中子及电子。科学家们将质子定义为正电,中子不带电,电子带负电。在正常状况下,一个原子的质子数与电子数量相同,正负电平衡,所以对外表现出不带电的现象。但是由于外界作用如摩擦或以各种能量如动能、位能、热能、化学能等的形式作用会使原子的正负电不平衡。日常生活中所说的摩擦实质上就是一种不断接触与分离的过程。有些情况下不摩擦也能产生静电,如感应静电起电、热电和压电起电、亥姆霍兹层、喷射起电等。任何两个不同材质的物体接触后再分离,即可产生静电,而产生静电的普遍方法就是摩擦生电。材料的绝缘性越好,越容易产生静电。因为空气也是由原子组合而成的,所以可以说,在人们生活的任何时间、任何地点都有可能产生静电。要完全消除静电几乎不可能,但可以采取一些措施控制静电使其不产生危害。

静电是通过摩擦引起电荷的重新分布而形成的,也有由于电荷的相互吸引引起电荷的重新分布形成的。一般情况下原子核的正电荷与电子的负电荷相等,正负平衡,所以不显电性。但是如果电子受外力而脱离轨道,造成不平衡电子分布,比如实质上摩擦起电就是一种造成正负电荷不平衡的过程。当两个不同的物体相互接触并且相互摩擦时,一个物体的电子转移到另一个物体,就因为缺少电子而带正电,而另一个体得到一些剩余电子的物体而带负电。

3. 工业静电的消除

从标准角度来看,工业生产中防静电主要工作有:根据生产制定控制方案、人员培训、基础设施和防护产品、方案执行监管、设施和防护的检验监测。

常见防护手段有:环境危险程度控制、工艺控制、接地、增加湿度、抗静电添加剂、静电中和器、使用防静电器具、加强静电安全管理。

四、静电引起的爆炸事故举例

三偏二甲肼容器爆炸事故肼类燃料,尤其是偏二甲肼,在导弹和运载火箭上都获得了广泛应用。我国一些液体火箭(包括长征系列运载火箭的第一、二级发动机)就使用了偏二甲肼推进剂。但是肼类燃烧剂的一个突出缺点是易燃易爆,在贮存、转注、试验、维修、加注等过程中,国内外都曾多次发生过着火爆炸事故。

(1)事故经过。

某年 4 月 15 日,某单位准备进行某型号导弹的姿控发动机试验。

首先在试车前准备工作中,发现为系统供气的气瓶内的氮气压力不足,不能满足试车间内包括推进剂贮箱、管道系统在内的液路系统气密性检查的要求。于是要求供气车间向气瓶内补充氮气。当天,该车间无氮气。为使试验顺利进行,试车组操作员提出并请示同意,改用空气将 15 个 0.4 m³ 高压氮气瓶从 5 MPa 增压到 15 MPa。次日下午,对偏二甲肼容器、管道、阀门等液路系统进行气密性试验。停压 20 min 后,经检查发现有一个偏二甲肼容器增压支管有微漏,决定在系统泄压后排除故障。当打开放气活门放压至 4.5 MPa 时,突然一声巨响,黑烟四起,整个燃烧剂系统发生了爆炸。在容器间附近休息的 20 人中,14 人受伤,其中 5 人重伤,另一名警卫也被炸伤。

（2）事故原因分析。

这是一次违反安全操作规定,用空气代替氮气对偏二甲肼系统进行增压的重大技术责任事故。按规定,偏二甲肼系统在贮存、运输、挤压、加注等操作过程中,都必须用纯度高于95%的氮气保护或增压。

事故后,对气瓶内的气体进行取样分析发现,对系统进行气密性检查用的气体为86%的氮气与空气的混合物,远低于规定值,而且偏二甲肼容器内还有约30 L偏二甲肼液体。也就是说,整个燃烧剂系统从容器到管道的气相部分已形成偏二甲肼的可燃气体。

这次爆炸的直接原因是空气增压使整个系统形成了可燃气体,为什么增压到5.8 MPa且停留了20 min也未爆炸,而是在卸压放气过程中发生了爆炸?原因是压力较高,卸压时气流速度很快,在容器或管道系统中的某一处或某几处产生静电火花、摩擦火花等,引爆了可燃气体。

📖 **思考题**

1. 电火花引燃的机理是什么?

2. 静电的危害及预防措施有哪些?

第五节　开口系统的着火和灭火分析

📖 **学习目标**

　1.了解开口系统模型。

　2.熟悉开口系统热平衡和质量平衡分析。

　3.掌握热理论的灭火措施。

📖 **能力目标**

　1.能够根据开口系统模型进行热平衡和质量平衡分析。

　2.能够根据系统的放热与散热曲线进行灭火分析。

一、简单开口系统模型

简单开口系统模型图如图3-9所示。

$G \quad T_\infty \quad f_\infty \qquad\qquad\qquad G \quad T \quad f$

图3-9　简单开口系统模型图

（1）混合气体的进口温度和质量分数分别为 T_∞ 和 f_∞。

（2）容器中发生反应的混合气体的温度 T 和质量分数 f 分布均匀。

（3）容器出口排出的燃烧产物的温度和浓度也是 T 和 f。

（4）开口系统的质量流量为 G。

（5）容器壁是绝热的。

（6）反应为一级反应。

二、系统的热平衡和质量平衡分析

（1）放热速度：

$$q_g = \Delta H_c \dot{W}''' = \Delta H_c K \rho_\infty f e^{-\frac{E}{RT}}$$

（2）散热速度：

$$q_1 = \frac{GC_p}{V}(T-T_\infty)$$

（3）反应速率：

$$\dot{g}_g = V\dot{W}''' = VK\rho_\infty f e^{\frac{E}{RT}}$$

（4）反应物的减少速度：

$$\dot{g}_1 = G(f_\infty - f)$$

（5）稳态情况下有：

$$\dot{q}_g = \dot{q}_1, \dot{g}_g = \dot{g}_1$$

$$\Delta H_c K \rho_\infty f e^{-\frac{E}{RT}} = \frac{G}{V}C_p(T-T_\infty) , VK\rho_\infty f e^{-\frac{E}{RT}} = G(f_\infty - f)$$

$$C_p(T-T_\infty) = \Delta H_c(f_\infty - f) , \frac{T-T_\infty}{f_\infty - f} = \frac{\Delta H_c}{C_p} = T_m - T_\infty$$

T_m 为系统绝热燃烧温度，上式整理又可得：

$$f_\infty - f = \frac{T-T_\infty}{T_m - T_\infty}$$

对于单分子反应：$f_0 = 1$

$$f = f_\infty - \frac{T-T_\infty}{T_m - T_\infty} = \frac{T_m - T}{T_m - T_\infty} \tag{3-17}$$

三、单系统的放热与散热曲线及灭火分析

1. 放热速率

$$\dot{q}_g = \Delta H_c K \rho_\infty f e^{-\frac{E}{RT}} = \Delta H_c \rho_\infty K\left(\frac{T_m - T}{T_m - T_\infty}\right) e^{-\frac{E}{RT}}$$

2. 散热速率

$$\dot{q}_1 = \frac{GC_p}{V}(T-T_\infty)$$

3. 绘制放热速率曲线和散热速率曲线

（1）压力、散热条件保持不变（图3-10）。

（2）压力、环境温度保持不变（图 3-11）。

（3）散热条件、环境温度保持不变（图 3-12）。

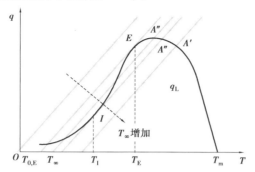

图 3-10　压力、散热条件保持不变的燃烧工况图

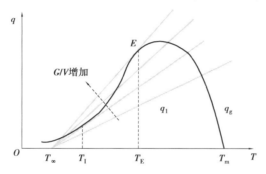

图 3-11　压力、环境温度保持不变的燃烧工况图

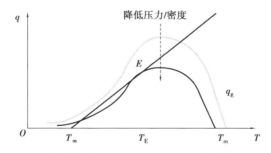

图 3-12　散热条件、环境温度保持不变的燃烧工况图

四、基于热理论的灭火措施

基于上述分析，想要着火的系统灭火，必须采取以下措施：

（1）降低系统氧或者可燃气浓度。

（2）降低系统环境温度。

（3）改善系统的散热条件，使系统的热量更容易散发出去。

实验研究表明：改变环境温度对着火的影响比较大，对灭火的影响比较小；而改变混合气体浓度对着火的影响比较小，对灭火的影响比较大。因此对灭火来讲，降低混合气体浓度比降低环境温度作用更大，而对防止着火来讲，正好相反。

📖 **思考题**

1. 不同条件下的燃烧工况有何不同?

2. 基于开口系统的灭火措施有哪些?

第六节 链式理论的灭火分析

📖 **学习目标**

1. 了解谢苗诺夫热自燃理论。

2. 熟悉放热与散热速率方程及曲线。

3. 掌握放热与散热速率的影响因素。

📖 **能力目标**

1. 能够根据链式理论进行灭火分析。

2. 能够根据燃烧对象的性质区分火灾的分类。

一、灭火条件

根据链式反应着火理论,若要使系统不发生着火,或使已经着火的系统灭火,必须使系统中的自由基增长速度(主要是链传递过程中由于链分支而引起的自由基增长)小于自由基的销毁速度。在燃烧过程中,自由基主要有 $H\cdot$、$HO\cdot$、$O\cdot$ 等,尤其是 $HO\cdot$ 较多,在烃类可燃物的燃烧中具有重要作用。为此,必须使系统中的自由基增长速度小于自由基的销毁速度。

1. 降低系统温度,以减慢自由基增长速度

在链传递过程中由链分支而产生的自由基增长是一个分解过程,需吸收能量。温度高,自由基增长快;温度低,自由基增长慢。

2. 增加自由基在固相器壁的销毁速度

自由基碰到固体壁面,会把自己大部分能量传递给固体壁面,而自身结合成稳定分子。为增加自由基碰撞固体壁面的概率,可以增加容器的比表面积,或者在着火系统中加入砂子、粉末灭火剂等固体颗粒。例如,将三氧化二锑(Sb_2O_3)与溴化物同时喷入燃烧区,可生成三溴化锑($SbBr_3$),而 $SbBr_3$ 可迅速升华成极细的颗粒分布在燃烧区内,对链式反应起到抑制作用。

3. 增加自由基在气相中的销毁速度

自由基在气相中碰到稳定分子,会把自己大部分能量传递给稳定分子,而自身也结合成

稳定分子。为此,可以在着火系统中喷洒卤代烷等气体灭火剂,或者在材料中加入卤代烷阻燃剂,例如溴阻燃剂。

二、灭火措施

1. 冷却灭火

将可燃物温度降到一定温度以下,燃烧即会停止。可燃固体冷却在燃点以下,可燃液体冷却在闪点以下,燃烧反应就会中止。例如水灭火。

2. 隔离灭火

将可燃物与氧气、火焰隔离,就可以中止燃烧,扑灭火灾。例如,泡沫灭火、关闭输送可燃液体和可燃气体的管道上的阀门。

3. 窒息灭火

可燃物的燃烧是氧化作用,需要在最低氧浓度以上才能进行,一般氧浓度低于 15% 时,就不能维持燃烧,火灾即被扑灭。例如,灌注非助燃气体二氧化碳、氮气、水喷雾、泡沫等。

4. 化学抑制灭火

有效地抑制自由基的产生或降低火焰中自由基浓度,即可使燃烧中止。对于有焰燃烧火灾效果好,对深度火灾,由于渗透性较差,灭火效果不理想。例如,干粉和七氟丙烷。

三、火灾分类

按照燃烧对象性质的不同,火灾可以分为 A、B、C、D、E、F 六类。

A 类火灾是指普通可燃物如木材、布等燃烧而形成的火灾;B 类火灾是指油脂以及液体,如原油、汽油、煤油等燃烧引起的火灾;C 类火灾是指可燃气体如氢气等燃烧引起的火灾;D 类火灾是指可燃金属如钠、钾等燃烧引起的火灾;E 类火灾是指的是电气火灾(带电物体火灾);F 类火灾指的是烹饪物火灾。

四、灭火方法

(1)A 类火灾:采用水冷却法。对于忌水物质,如布、纸等应尽量减少水浸所造成的损失;对珍贵图书、档案资料等应使用二氧化碳、卤代烷以及干粉灭火剂进行灭火。

(2)B 类火灾:使用泡沫灭火剂进行扑救,同时用水冷却容器壁,以减慢液体蒸发速度;关闭阀门,切断可燃液体来源,并把燃烧区域内容器中的可燃液体通过管道抽至安全地区;在扑救原油油罐火灾时,若出现火焰增大、发亮、变白,烟色由浓变淡,金属原油罐壁发生颤抖并伴有强烈的噪声等喷溅苗头时,应及时将人员撤离火灾现场,以避免人员伤亡。

(3)C 类火灾:关闭阀门,切断可燃气体来源;使用干粉灭火剂将气体燃烧火焰扑灭。

(4)D 类火灾:钠、钾等燃烧时温度很高,水及其他普通灭火剂在高温下会因发生分解而失去作用,应使用特殊灭火剂。少量金属燃烧时,可用干砂、干食盐等扑救。火灾现场若有电气设备,在进行火灾扑救时,应首先切断电源,但对于商场、影剧院等人员密集的场所,照明线路则应在人员撤离之后再切断。

(5)E 类(带电)火灾:指带电物体的火灾。如发电机房、变压器室、配电间、仪器仪表间和电子计算机房等在燃烧时不能及时或不宜断电的电气设备带电燃烧的火灾。必须用能达到电绝缘性能要求的灭火器来扑灭,应选择磷酸铵盐干粉灭火器、碳酸氢钠干粉灭火器、卤代烷灭火器或二氧化碳灭火器,但不得选用装有金属喇叭喷筒的二氧化碳灭火器。对于那些仅有常规照明线路和普通照明灯具且并无上述电气设备的普通建筑场所,可不按 E 类火灾的规定配置灭火器。

(6)F 类火灾:灭火时忌用水、泡沫及含水性物质,应使用窒息灭火方式隔绝氧气进行灭火,可以采用干粉或者 CO_2 灭火器。

📖 **思考题**

1. 基于链式反应理论的灭火措施有哪些?

2. 常见火灾的分类及灭火方法有哪些?

第四章　可燃气体的燃烧

气体燃烧是火灾中最主要的燃烧形式,除了危险的爆炸现象,还能在特定条件下引起爆轰,对人员的生命安全造成一定的威胁,也会对建筑物、工业设施等造成严重的破坏。因此,研究可燃气体的燃烧特性和燃烧规律,对预防此类事故的发生以及事故发生后的救灾都具有重大意义。

第一节　气体的燃烧类型和特性

📖 **学习目标**

　　1. 了解气体的燃烧形式。

　　2. 熟悉气体的燃烧特性。

　　3. 掌握气体的流动扩散性。

📖 **能力目标**

　　1. 能够计算在相同条件下不同气体的燃烧速率。

　　2. 能够掌握气体压缩成液态所必须具备的条件。

一、气体的燃烧类型

关于可燃气体的燃烧分类方法很多,可以根据火焰的传播形式、燃烧中可燃物与氧化剂混合模式以及燃烧物质的流动形态进行划分,具体如下。

1. 按照火焰的传播形式分类

气体燃烧按照火焰的传播形式可分为缓燃和爆轰两种形式。火焰的缓慢燃烧是依靠导热与分子扩散使未燃混合气温度升高,并进入反应区引起化学反应,进而使燃烧波不断向未燃混合气中推进,其传播速度一般不高于 $1 \sim 3$ m/s,该过程中火焰传播是稳定的。在一定的物理、化学条件下(如温度、浓度、压力、混合比等),其传播速度是一个不变的常数。

爆轰(爆震)的传播不是依靠传热、传质发生的,而是通过激波的压缩作用使未燃混合气的温度不断升高而引起化学反应的,从而使燃烧波不断向未燃混合气中推进,其传播过程也是稳定的。与缓慢燃烧形成了明显的对比,爆轰的传播速度很高,常大于 $1\,000$ m/s。

2.按照燃烧中可燃物与氧化剂混合模式分类

气体燃烧按照燃烧中可燃物与氧化剂混合模式可分为扩散燃烧和预混燃烧两种。

扩散燃烧即可燃性气体和蒸气分子与气体氧化剂互相扩散,边混合边燃烧。在扩散燃烧中,可燃气体与空气或氧气的混合是靠气体的扩散作用来实现的,混合过程要比燃烧反应过程慢得多,燃烧过程处于扩散区域内,整个燃烧速度的快慢由物理混合速度决定。扩散燃烧的特点为:燃烧比较稳定,火焰温度相对较低,扩散火焰不运动,可燃气体与气体氧化剂的混合在可燃气体喷口进行,燃烧过程不发生回火现象(后延缩入火孔内部的现象)。对稳定的扩散燃烧,只要控制得好,就不会造成火灾,一旦发生火灾也较易扑救。

预混燃烧是指可燃气体(或蒸气)预先同空气(或氧)混合,遇引火源产生带有冲击力的燃烧。预混燃烧一般发生在封闭体系中或在混合气体向周围扩散的速度远小于燃烧速度的敞开体系中,燃烧放热造成产物体积迅速膨胀,压力升高,压强可达 709.1~810.4 kPa。这种形式的燃烧速度快、温度高、火焰传播快,常说的化学爆炸实际上就是预混燃烧,例如,煤气或液化石油气在厂房或空间内泄漏,遇明火发生燃烧爆炸。

3.按照燃烧物质的流动形态分类

气体燃烧按照燃烧物质的流动形态可以分为层流燃烧与湍流燃烧。

二、气体的特性

(一)流动扩散性

气体具有高度的扩散性。在一般情况下,不同气体能以任意比例相混合,能够充满任何容器,并对容器壁产生压强。这是因为气体分子的热运动使各组分相互掺和,浓度趋向均匀一致。某一组分的扩散量与单位距离上其浓度的变化量(浓度梯度)成正比,在该组分浓度梯度大的地方,扩散量大,扩散速率快。

同温同压下,气体的扩散速率与其密度的平方根成反比[格拉罕姆(Graham)扩散定律],即

$$v_i \propto \sqrt{\frac{1}{\rho_i}}$$

根据理想状态方程 $PV=nRT$

$$m=\rho V$$

得出:

$$\frac{\rho_A}{\rho_B}=\frac{M_A}{M_B}$$

所以:

$$\frac{v_A}{v_B}=\sqrt{\frac{\rho_A}{\rho_B}}=\sqrt{\frac{M_A}{M_B}} \tag{4-1}$$

式中　v——气体的扩散速率,m/s;
　　　ρ——气体的密度,kg/m³;
　　　M——气体的摩尔质量,g/mol。

相同条件下,气体的密度或摩尔质量越小,其扩散速率越快,在空气中达到爆炸极限浓度所需时间就越短。

[例4-1]试比较氯气（Cl_2）和氢气（H_2）泄漏后的扩散速率（假设容器内气体压力、温度相同）。

$$\frac{v_{H_2}}{v_{Cl_2}} = \sqrt{\frac{M_{Cl_2}}{M_{H_2}}} = \sqrt{\frac{71}{2}} \approx 6$$

答：氢气泄漏的扩散速率约是氯气的6倍。

在物质燃烧过程中，燃烧产物不断地溢出离开燃烧区，新鲜空气不断地补充进入燃烧区，其主要原因之一就是气体的扩散。低压气体的扩散速率因浓度梯度较小，主要由其与空气相对密度决定；高压气体的扩散速率主要由高压气体的冲力来决定，冲力越大，气体分子的能量越高，在周围介质中的浓度梯度越大，因而扩散速率越快，并且远远大于低压气体的自由扩散速率。

（二）可压缩性和液化性

气体可以被压缩，在一定的温度和压力条件下甚至可以被压缩成液态，因此气体通常都以压缩气态或液化状态储存在钢瓶中。但是，气体压缩成液态有一个极限压力和极限温度，若超过一定的温度，气体无论施加多大的压力都不可能液化，这一温度称为临界温度，即加压后使气体液化时所允许的最高温度，用"℃"表示。临界温度时液化所需要的压力称为临界压力，即临界温度时使气体液化所需的最小压力，也就是在临界温度时的饱和蒸气压，用"MPa"表示。

部分气体的临界温度和临界压力见表4-1。

表4-1 部分气体的临界温度和临界压力

物质名称	临界温度/℃	临界压力/kPa	物质名称	临界温度/℃	临界压力/kPa
He	−267.9	233.05	C_2H_4	9.7	5 137.18
H_2	−239.9	1 296.96	CO_2	31.1	7 325.79
Ne	−228.7	2 624.32	C_2H_6	32.1	4 944.66
N_2	−147.1	3 394.39	NH_3	132.4	11 277.47
CO	−138.7	3 505.85	Cl_2	144.0	7 700.7
O_2	−118.8	5 035.85	SO_2	157.2	7 872.95
CH_4	−82.0	4 640.69	SO_3	218.3	8 491.04

（三）受热膨胀性

气体具有受热膨胀性。因此，盛装压缩气体或液化气体的容器（钢瓶），如受高温、撞击等作用，气体就会急剧膨胀，产生很大的压力，当压力超过容器的耐压强度，就会引起容器的膨胀甚至爆炸，造成火灾事故。所以对压力容器应有防火、隔热、防晒等防护措施，不得靠近热源、受热。

📖 思考题

1. 假设容器管道内气体压力、温度相等，试比较甲烷和氨气泄漏后的扩散速率。

2. 气体的特性有哪些？

第二节 可燃气体的燃烧过程及形式

一、可燃气体的燃烧过程

可燃气体的燃烧,必须经过与氧化剂接触、混合的物理阶段和着火(或爆炸)的剧烈氧化还原反应阶段。

由于化学组成不同,各种可燃气体的燃烧过程和燃烧速率也不同。通常情况下,可燃气体的燃烧过程如下:

$$可燃气体 \xrightarrow[\text{扩散}]{\text{氧化剂}} 可燃混合气体 \xrightarrow[\text{断键、活化}]{\text{火源}} 分子碎片、游离基 \xrightarrow[\text{连续氧化、燃烧}]{\text{火焰}} 产物、热量$$

由于可燃气体燃烧不需要像固体、液体那样要经过熔化、分解、蒸发等相应过程,而在常温常压下就可以按任意比例和氧化剂相互扩散混合,预混气体达到一定浓度后,遇点火源即可发生燃烧,因此,可燃气体的燃烧速率大于固体和液体。组成单一、结构简单的气体燃烧只需要经过受热、氧化过程,而复杂的气体经过受热、分解、氧化等过程才能开始燃烧,因此,组成简单的可燃气体比复杂的可燃气体燃烧速率快。从理论上讲,可燃气体在达到化学计量浓度时燃烧最充分,火焰传播速率达到最大值。

二、可燃气体的燃烧形式

可燃气体燃烧过程根据控制因素不同,可分为扩散燃烧和预混燃烧两种形式。

(一)扩散燃烧

扩散燃烧是指可燃气体或蒸气与气态氧化剂相互扩散,边混合边燃烧的一种燃烧形式。扩散燃烧是人类最早使用火的一种燃烧方式。直到今天,扩散火焰仍是最常见的一种火焰。野营中使用的篝火、火把,家庭中使用的蜡烛和煤油灯等的火焰,煤炉中的燃烧以及各种发动机和工业窑炉中的液滴燃烧等都属于扩散火焰。威胁和破坏人类文明和生命财产的各种毁灭性火灾也大都是扩散燃烧造成的。扩散燃烧可以是单相的,也可以是多相的。石油和煤在空气中的燃烧属于多相扩散燃烧,而可燃气体燃料的射流燃烧属于单相扩散燃烧。

在扩散燃烧中,化学反应速率要比可燃气体混合扩散速率快得多,整体燃烧速率的快慢由物理混合速率决定,可燃气体(或蒸气)扩散多少就烧掉多少。同时,燃烧所需的氧气是依靠空气扩散获得的,因而扩散火焰产生的燃料与氧化剂的交界面上。燃料与氧化剂分别从火焰两侧扩散到交界面,而燃烧所产生的燃烧产物则向火焰两侧扩散开去。扩散燃烧比较稳定,其特点是:扩散火焰不运动也不会发生回火现象,可燃气体与氧化剂的混合在可燃气喷口进行。对稳定的扩散燃烧,只要控制得好,就不至于造成火灾,一旦发生火灾也较易扑救。

(二)预混燃烧

预混燃烧又称动力燃烧或爆炸式燃烧,它是指可燃气体或蒸气预先同空气(或氧气)混合,遇火源产生带有冲击力的燃烧。

预混燃烧一般发生在封闭体系中或在混气向周围扩散速率远小于燃烧速率的敞开体系中,燃烧放热造成产物体积迅速膨胀,压力升高,压力可达709.1~810.4kPa。许多火灾爆炸事故都是由预混燃烧引起的,如制气系统检修前不进行置换就烧焊,燃气系统开车前不进行吹扫就点火,用气系统产生负压"回火"或漏气未被发现而动火等,往往形成动力燃烧,极易造成设备损坏和人员伤亡事故。

另外,当大量可燃气体泄漏到空气中,或大量可燃液体泄漏并迅速蒸发产生蒸气,则会在大范围空间内与空气混合形成可燃性混合气体,若遇引火源就会立即发生爆炸。一般将这种爆炸称为蒸气云爆炸,简称"UVCE"。蒸气云着火后,多数先在地面形成球状火焰,加上由于浮力上升,同时席卷周围空气,并形成蘑菇状火焰。

可燃蒸气云的形成一般有下列3种情况。

(1)常温高压下的可燃液体。闪点低于常温的可燃液体,如汽油闪点低于25℃,泄漏后接受外界热量则会蒸发,持续产生的蒸气不断向周围扩散,形成蒸气云。

(2)常温高压下的可燃液化气体。临界温度高于常温的可燃液体,只是因为加压而被液化,如液化丙烷、液化丁烷等。在高压下呈气、液两相平衡状态,当其泄漏到常压的大气时,即急剧蒸发气化,形成蒸气云。

(3)常压低温下的可燃液体或气体。沸点低于反应或储存温度的可燃物质,如反应罐中的苯、低温储罐的液化天然气等,当泄漏到常温的大气中时,由于环境温度比其沸点高而迅速沸腾气化,短时间内即可形成蒸气云。

据统计,工业上可燃物质泄漏或外溢而导致UVCE事故的原因主要包括:①管线连接处(法兰、焊缝、螺丝连接等)泄漏;②管线因破裂、腐蚀、损坏等泄漏;③储罐因超压、破裂、腐蚀、损坏等泄漏;④阀门泄漏、因误操作或反应失控等原因造成满罐外溢等。

预混燃烧的特点:燃烧反应快,温度高,火焰传播速度快,反应的混合气体不扩散,在可燃混合气中引入一火源即产生一个火焰中心,成为热量与化学活性粒子集中源。如果预混气体从管口喷出发生动力燃烧,若流速大于燃烧速度,则在管中形成稳定的燃烧火焰,由于燃烧充分,燃烧速度快,燃烧区呈高温白炽状,如汽灯的燃烧即是如此;若可燃混合气在管口流速小于燃烧速度,则会发生"回火",如制气系统检修前不进行置换就烧焊,燃气系统于开车前不进行吹扫就点火,用气系统产生负压"回火"或者漏气未被发现而用火时,往往形成动力燃烧,有可能造成设备损坏和人员伤亡。

此外,有些可燃气体还能发生分解爆炸,如乙炔、乙烯、氧化乙烯、四氟乙烯、丙烯、臭氧、一氧化氮、二氧化氮等。这些可燃气体在一定压力下遇到火源会发生分解反应,同时可产生相当数量的分解热,这为爆炸提供了能量。分解产物由于升温,体积膨胀会发生爆炸。在发生爆炸前,系统所处初始压力越高,越易发生分解爆炸,所需的点火能量越小。当初始压力小到一定值时,系统便不发生分解爆炸,这个压力称为分解爆炸临界压力。一般而言,分解热在80 kJ/mol以上的可燃气体,在一定条件(温度和压力)下遇火源即会发生爆炸。分解热是引起可燃气体爆炸的内因,一定的温度和压力则是外因。分解爆炸的条件是:

（1）分解反应是放热反应;

（2）存在火源或热源;

（3）系统初始压力大于分解爆炸临界压力 p_0。

📖 **思考题**

1. 可燃气体的燃烧形式有哪几种?

2. 简述扩散燃烧与预混燃烧的特点。

3. 可燃气体发生分解爆炸的条件是什么?

第三节　气体的燃烧速度

📖 **学习目标**

  1. 了解可燃气体燃烧速率的表示方法及估算方法。

  2. 掌握可燃气体燃烧速率的主要影响因素。

📖 **能力目标**

  1. 能够表征可燃气体燃烧速度公式。

  2. 能够分析可燃气体燃烧速率的主要影响因素。

物质燃烧速率是可燃物质在单位时间内燃烧快慢的物理量,是制订防火措施和确定灭火战斗行动的重要参数之一。

一、可燃气体燃烧速度的表示方法

可燃气体的燃烧速度是指火焰传播速度（即火焰的移动速率,单位:cm/s）减去由于燃烧气体温度升高而产生的膨胀速度。可燃气体燃烧形式不同,燃烧速度差异很大,表示方法也不同,分为扩散燃烧速度表示方法和预混燃烧速度表示方法。

(一)可燃扩散燃烧速度

可燃气体发生扩散燃烧时,其扩散燃烧速度取决于燃烧时可燃气体与助燃气体的混合速度。这种燃烧主要是从孔洞喷出的可燃气体与空气的扩散燃烧,可近似认为可燃气体一旦喷出与助燃气体混合后就很快全部燃烧完。若控制可燃气体流量,即控制了扩散燃烧速度。一般以单位面积单位时间内可燃气体流量或线速度来表示扩散燃烧速度,单位为 $m^3/(m^2 \cdot s)$、$cm^3/(cm^2 \cdot s)$、m/s、cm/s。

油气井喷火灾、工业装置及容器破裂口喷出燃烧,都属于扩散燃烧,其燃烧速度可用气体流出量估算。气体(或蒸气)喷出速率与压力密切相关,压力不同,估算方法也不同。

1. 低压气体容器流出速率估算

低压设备中无相变或不发生剧烈相变介质的泄漏,其流体一般不发生压缩,火焰较为平稳。其泄漏量可用不可压缩流体的流量公式推算,即

$$Q = \mu A \sqrt{\frac{2\Delta p}{\rho}} \tag{4-2}$$

式中　Q——气体流量,m^3/s;
　　　μ——流量系数,可取 $0.60 \sim 0.62$;
　　　A——孔口面积,m^2;
　　　Δp—内外压差,10^5 Pa;
　　　ρ—气体密度,kg/m^3。

压力低于 1.5 MPa 的气体,在单位时间、单位面积上的流出速率也可用下式计算:

$$v = 0.87\sqrt{\frac{p_1 - p_0}{\rho}} \tag{4-3}$$

式中　v——气体流出速率,$[m/s$ 或 $m^3/(m^2 \cdot s)]$;
　　　p_1——设备内气体的压力,10^5Pa;
　　　p_0——外部环境压力,一般为大气压力,10^5Pa;
　　　ρ——气体密度,kg/m^3。

[例4-2]某一压力为 9×10^5 Pa 的气体储罐发生裂口喷出火焰,已知该气体密度为 1.96 kg/m^3,环境压力约为 1×10^5 Pa,求气体的流出速率。

解:$v = 0.87\sqrt{\frac{p_1 - p_0}{\rho}} = 0.87 \times \sqrt{\frac{9-1}{1.96}} \approx 1.75(m/s)$

答:气体的流出速率是 1.75 m/s。

2. 高压气体容器喷出速率估算

储存或处理高压气体的设备,气体喷出燃烧以及油气井喷火灾,因在较高压力下喷出气体或蒸气,所以呈现喷出速率快、火焰极不稳定的特征。火焰根部距喷出口的距离(该段距离是利用射流切割灭火的最佳部位)随着泄放压力的增大而增长。

高压条件下气体的喷出速率计算,按可压缩流体的等熵流动处理,即

$$v = \sqrt{\frac{2Kp_0}{(K-1)\rho_0}\left[1-\left(\frac{p}{p_0}\right)^{\frac{K-1}{K}}\right]} \tag{4-4}$$

式中　v——气体流出速率，m/s；

　　　p_0——设备内气体的压力，10^5Pa；

　　　ρ_0——气体密度，kg/m³；

　　　p——环境压力，10^5Pa；

　　　K——喷出气体的热容比（C_p/C_v）。

注：当环境压力 p 为 $1×10^5$Pa，且容器内气体压力 p_0 较高时，$\left[1-\left(\dfrac{p}{p_0}\right)^{\frac{K-1}{K}}\right]$ 可按 1 计算。

常见气体的 K 值见表4-2。

表4-2　常见气体的 K 值

气体名称	K 值	气体名称	K 值
空气	1.40	二氧化硫	1.25
氮气	1.40	氯气	1.35
氧气	1.397	氨	1.32
氢气	1.412	过热蒸汽	1.30
甲烷	1.315	干饱和蒸汽	1.135
乙烷	1.18	氰化	1.31
丙烷	1.13	硫化氢	1.32
一氧化碳	1.395	二氧化碳	1.295

3. 液化气体喷出速率估算

存储液化石油气等液化气体的设备，由于液化气体对外界大气条件而言是处于过饱和状态，当设备破裂发生泄漏时，立即呈减压状态，而将超过饱和条件的过量热转化为汽化潜能，闪蒸和敞开蒸发相继发生，故喷出的气流中带有相当大比例的液滴及飞雾。此类可压缩两相流体喷出的质量速度最实用公式为：

$$v_m = C\rho\left[\dfrac{\rho\rho_v(1+\delta)}{\delta}\right]^{\frac{1}{2}} \tag{4-5}$$

式中　v_m——气体喷出的质量速度，kg/（m²·s）；

　　　C——两相混合物流中的等温声速，m/s；

　　　ρ——两相混合物的密度，kg/m³；

　　　ρ_v——液化气体的气体密度，kg/m³；

　　　δ——喷出时两相流的气、液质量比。

其中，ρ 值可由式（4-6）估算，即

$$\rho = \dfrac{1+\delta}{\left(\dfrac{\delta}{\rho_v}+\dfrac{1}{\rho_L}\right)} \tag{4-6}$$

式中　ρ_L——液化气体的液相密度，kg/m³。

当环境为大气压力时，δ 值可由(4-7)估算，即

$$\delta = 1 - \exp\left[-\frac{C_L}{\lambda}(T_L - T_0) \right] \quad\quad\quad (4\text{-}7)$$

式中　λ——液化气体的汽化潜热；

　　　C_L——液化气体的汽化比热；

　　　T_L——液化气体的初始温度，K；

　　　T_0——喷出气流的温度，K。

在强烈喷出期间，δ 值比较稳定。随着外泄压力下降，喷流流速减小。

(二)预混燃烧速率

通常可燃气体发生预混燃烧时，其燃烧速率用化学计量浓度时的火焰传播速率表示，单位为 m/s 或 cm/s。由于影响预混燃烧的因素较多，所以预混燃烧速率计算起来都很繁杂。以下给出几个理论计算公式，供灭火应用参考。

1. 甲烷、丙烷、正庚烷和异辛烷预混燃烧速度的概算式

$$v = 0.1 + 3 \times 10 - 6T^2 \quad\quad\quad (4\text{-}8)$$

式中　v——预混燃烧速率，m/s；

　　　T——混合气体温度，K。

备注：此式适用于混合气体温度小于 600 K 情况下的燃烧速度概算。

2. 多种可燃气体混合物的火焰传播速率

多种可燃气体混合物(如工业煤气)的火焰传播速率(最大值)，可根据单一气体的传播速率(最大值)按下式计算：

$$v_{L混} = \frac{\dfrac{P_1}{L_1}v_1 + \dfrac{P_2}{L_2}v_2 + \dfrac{P_3}{L_3}v_3 + \cdots}{\dfrac{P_1}{L_1} + \dfrac{P_2}{L_2} + \dfrac{P_3}{L_3} + \cdots} \quad\quad\quad (4\text{-}9)$$

式中　P_1, P_2, P_3——各单一可燃气体占可燃物成分的体积百分比；

　　　v_1, v_2, v_3——各单一可燃气体的火焰传播速率(最大值)；

　　　L_1, L_2, L_3——对应于 v_1, v_2, v_3 的各单一气体的浓度百分数。

公式计算出的是近似值，而且只适用于同族可燃气体的混合物。对于含有不同族的可燃气体的混合物，如含有氢气、一氧化碳及甲烷的可燃混合物气体，则需要由实验测定。

如果可燃气体中含有惰性气体，则火焰的传播速率比不含惰性气体的火焰传播速率要慢。

(三)常见气体的燃烧速率

气体的燃烧方式不同，可燃气体占混合物的浓度不同，燃烧速率也不同。此外，压力、测定方法、温度等也影响燃烧速率。部分可燃气体与空气混合物在标准状态下的预混燃烧速率表见表 4-3。

表 4-3 部分可燃气体与空气混合物在标准状态下的预混燃烧速率表

物质名称	浓度/%	燃烧速度/(cm·s⁻¹)	物质名称	浓度/%	燃烧速度/(cm·s⁻¹)
甲烷	9.80	67.0	氢气	38.5	483
	9.96	33.8	一氧化碳	45.0	125
乙烷	6.28	40.1	炼焦煤气	17.0	170
	6.50	85.0	焦炭发生煤气	48.5	73.0
丙烷	4.54	39.0	水煤气	43.0	310
	4.60	82.0	乙烯	7.10	142
丁烷	3.52	37.9		7.40	68.3
	3.60	82.0	丙烯	5.04	43.8

二、可燃气体燃烧速率的主要影响因素

可燃气体的扩散燃烧速率由可燃气体的流速决定,而预混燃烧速率则受混合气体本身的组成、理化性质、初始温度及燃烧体系与环境的热交换等因素的影响。

(一)可燃气体的组成和理化性质

(1)组成简单的气体比组成复杂的气体燃烧速度快。氢的组成最简单,热值也较高,所以燃烧速度快。

(2)可燃气体的还原性越强,氧化剂的氧化性越强,则燃烧反应的活化能越小,燃烧速率越快。

(二)可燃气体的浓度

(1)可燃气体和氧化剂浓度越大,分子碰撞机会越多,反应速率越快。通常情况下,可燃气体浓度稍大于化学计量比时,燃烧速度出现最大值。可燃气体浓度与化学计量比过低或过高,其燃烧速度都变慢。

(2)惰性气体的影响。惰性气体加入混合气体中,使燃烧反应中的自由基与惰性气体分子碰撞销毁的机会增多。因此,混合气体中气体浓度增大,火焰传播速度减缓,燃烧速率会降低。惰性气体对火焰传播的影响如图 4-1 所示。

(三)气体的初始温度

化学反应温度对反应速率的影响,表现在反应速率常数 k 与温度 T 的关系上。根据式(2-7)可知,k 与 T 呈指数关系,T 的一个较小变化,将会使 k 发生很大变化。按范特霍夫规则估算,温度每升高 10 ℃,反应速率为原来速率的 2~4 倍。根据实验得出,燃烧速率与可燃气体初始温度的关系为

$$v = v_0 \left(\frac{T}{T_0} \right)^n \tag{4-10}$$

式中 v、v_0——温度为 T 和 T_0 时的燃烧速率,m/s;

n——实验常数,一般为 1.7~2.0。

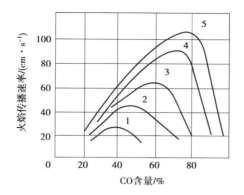

图 4-1　一氧化碳与氮气和氧气的混合体系的火焰传播速率

1—87% N_2+13% O_2；2—79% N_2+21% O_2；

3—70% N_2+30% O_2；4—60% N_2+40% O_2；

5—11.5% N_2+88.5% O_2

可燃气体燃烧速率随初始温度的升高而加快,在火场上,由于可燃混合气体被加热,而燃烧速率大大提高。一氧化碳混合物的温度对火焰传播速率的影响如图 4-2 所示。

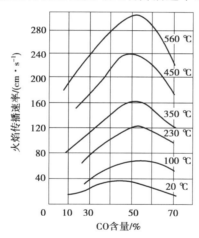

图 4-2　一氧化碳混合物的温度对火焰传播速率的影响

(四)燃烧体系与环境的热交换

容器或管道的直径、材质决定燃烧体系在环境中的热损失大小。热损失越大,燃烧速率越低。

1.管径

可燃混合气体在容器或管道内发生燃烧时,其性能通常以火焰传播速率表示。实验表明,火焰传播速率一般随管径的增大而增快,但管径增大到某一极值时,火焰传播速率不再增大;管径减小,火焰传播速率随之减小;当管径小到临界直径时,由于散热比表面积大,热量损失大于反应热,从而使火焰熄灭。容器、管道的直径对火焰传播速率有明显的影响。

$$S_{比} = \frac{管壁总面积}{混气体积} = \frac{2\pi rL}{\pi r^2 L} = \frac{2}{r} \tag{4-11}$$

2.管道、容器材质的导热性

可燃性气体在与环境热交换比表面积相同的情况下,发生燃烧的管道、容器材质的导热性越高,燃烧体系向环境的散热量越大,热量的损失必然造成燃烧速率的降低和火焰传播速率的减慢,甚至使燃烧停止。

📖 思考题

1. 表征可燃气体的燃烧速率的公式是什么?

2. 可燃气体的燃烧速率估算方法有哪些?

3. 阐述可燃气体燃烧速率的主要影响因素。

第五章　可燃液体的燃烧

第一节　液体的特性

📖 **学习目标**

　　1. 了解可燃液体的特性。

　　2. 掌握可燃液体饱和蒸气压浓度的计算。

📖 **能力目标**

　　1. 掌握液体的特性。

　　2. 会简单的液体饱和蒸气压浓度计算。

　　一般来说,可燃液体的燃烧首先需要经过蒸发这一过程。而液体的性质介于固体与气体之间,都具有挥发性,在一定的温度条件下,液体都会由液态转变为气态。液体蒸发速率的快慢主要取决于液体的性质和温度。

　　温度越高,蒸发越快;反之,蒸发越慢。无论在什么温度下,液体中总有一些具有较大速度的分子能够脱离液面而成为蒸气分子,因此在任何温度下液体都会蒸发。将液体置于密闭的真空容器中,液体表面能量大的分子就会克服液面邻近分子的吸引力,脱离液面进入液面以上空间成为蒸气分子。进入空间的分子由于热运动,有一部分又可能撞到液体表面,被液面吸引而凝结。开始时,由于液面以上空间尚无蒸气分子,蒸发速率最大,凝结速率为零。随着蒸发过程的继续,蒸气分子浓度增加,凝结速率也增加,最后凝结速率和蒸发速率相等,液体(液相)和它的蒸气(气相)就会达到气液平衡状态。气液这种平衡是一种动态平衡,即液面分子仍在蒸发,蒸气分子仍在凝结,只是蒸发速率和凝结速率相等,即

$$液体 \underset{液化}{\overset{汽化}{\rightleftharpoons}} 蒸气$$

一、蒸发热

　　在液体体系同外界环境没有热量交换的情况下,随着液体蒸发过程的进行,由于失掉了高能量分子而使液体分子的平均动能减小,液体温度逐渐降低。欲使液体保持原有温度,即

维持液体分子的平均动能,必须从外界吸收热量。这就是说,要使液体在恒温恒压下蒸发,必须从周围环境吸收热量。这种使液体在恒温恒压下汽化或蒸发所必须吸收的热量,称为液体的汽化热或蒸发热。该蒸发热一方面消耗于增加液体分子动能以克服分子间引力而使分子逸出液面进入蒸气状态,另一方面它又消耗于汽化时体积膨胀所做的功。

显然,不同液体因分子间引力不同,其蒸发热势必不同,即使是同一液体,当质量不相等或温度不相同时,其蒸发热也不相同。因此,常在一定温度压力下取 1 mol 液体的蒸发热作比较,这时的蒸发热称为摩尔蒸发热,以 ΔH_v 表示。一般来说,液体分子间引力越大,其蒸发热越大,液体越难蒸发。

二、饱和蒸气压

在一定温度下,液体与在它液面上的蒸汽处于平衡状态,蒸气所产生的压力称为饱和蒸气压,简称蒸气压。液体的饱和蒸气压是液体的重要性质,它仅与液体本身的性质和温度有关,而与液体的数量及液面上的体积无关。

在相同温度下,液体分子之间的引力强,则液体分子难以克服引力而变为蒸气,蒸气压就低;反之,液体分子间引力弱,则蒸气压就高。分子间的引力称为分子间力,又称为范德华力。对同一液体来说,升高温度,液体分子中能量大的数目增多,能克服液体表面引力变为蒸气的分子数目也就多,蒸气压就高;反之,若降低温度,则蒸气压就低。因此,在给定的温度和压力条件下,蒸气压越高,也就代表液体越容易蒸发,液体上方形成的蒸汽也就越多。它是液体燃料蒸发的容易程度的指标。每种燃料都有不同的蒸气压。当然,温度越高,蒸气压也越高。这也就意味着着火后,液体在高温下产生可燃蒸气越容易,也越多,这也就进一步助燃火势蔓延。图 5-1 介绍了几种液体在不同温度下蒸气压的变化曲线。

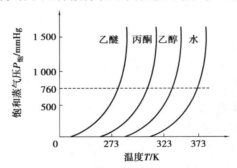

图 5-1　几种液体在不同温度下蒸气压的变化曲线

三、液体的沸点

当液体蒸气压与外界力相等时,蒸发在整个液体中进行,称为液体沸腾。而蒸气压低于环境压力时,蒸发仅限于在液面上进行。所谓液体的沸点,是指液体的饱和蒸气压与外界压力相等时液体的温度。

显然,液体沸点同外界气压密切相关。外界气压升高,液体的沸点也升高;外界气压降低,液体的沸点也降低。当外界压力为 $1.013\ 25 \times 10^5$ Pa 时,液体的沸点称为正常沸点。部分液体的沸点和蒸发热见表 5-1。

表 5-1 部分液体的沸点和蒸发热(ΔH_v)

物质名称	分子式	ΔH_v (在沸点时)/(kJ · mol^{-1})	沸点/℃
甲烷	CH_4	9.20	−161
乙烷	C_2H_6	13.79	−89
丙烷	C_3H_8	18.06	−30
丁烷	C_4H_{10}	22.24	−0
己烷	C_6H_{14}	28.55	68
辛烷	C_8H_{18}	33.86	125
癸烷	$C_{10}H_{22}$	35.78	160
氟化氢	HF	30.14	17
氯化氢	HCl	15.05	−84
溴化氢	HBr	16.30	−70
碘化氢	HI	18.14	−37
水	H_2O	40.59	100
硫化氢	H_2S	18.77	−61
氨	NH_3	23.53	−33
磷化氢	PH_3	14.59	−88
硅烷	SiH_3	12.33	−112

四、液体饱和蒸气浓度

在空气中的蒸气有饱和不饱和之分。不饱和蒸气压是蒸发与凝聚未达到平衡时的蒸气压,其大小是不断变化的,其变化范围从零到饱和蒸气压。饱和蒸气压是液体的蒸发和蒸气的凝聚达到平衡时的蒸气压,其大小在一定温度下是一定的,饱和蒸气的浓度也是一定的。

根据道尔顿的分压定律,在混合气体中,各气体的压力分数、体积分数和摩尔分数是相等的,即

$$\frac{P_A}{P} = \frac{V_A}{V} = \frac{n_A}{n} \tag{5-1}$$

式中　P_A——气体组分 A 的分压力,Pa;

　　　V_A——气体组分 A 的分体积,m^3;

　　　n_A——气体组分 A 的物质的量,mol;

　　　p——混合气体的总压力,Pa;

　　　V——混合气体的总体积,m^3;

　　　n——混合气体的总物质的量,mol。

所以,气体组分 A 的体积百分比浓度等于

$$\frac{P_A}{P} = \frac{V_A}{V}$$

$$V_A = \frac{P_A}{P} V_A \qquad (5\text{-}2)$$

📖 **思考题**

可燃液体的性质有哪些? 并说明这些特性各用什么参数来评定。

第二节　可燃液体的燃烧过程和燃烧形式

📖 **学习目标**

1. 掌握可燃液体的燃烧过程。

2. 了解可燃液体的燃烧形式。

3. 掌握沸溢式燃烧和喷溅式燃烧的形成过程、条件及征兆。

📖 **能力目标**

能够将液体燃烧的过程运用到实际生活中去,提高学生的认知能力。

一、可燃液体的燃烧过程

一切可燃液体都能在任何温度下蒸发形成蒸气并与空气或氧气混合扩散,当达到爆炸极限时,与火源接触发生连续燃烧或爆炸的现象,称为可燃液体的引燃着火。发生引燃着火的液体最低温度称为液体的燃点或着火点。因而,液体的燃烧主要是以气相形式进行有焰燃烧,主其燃烧历程为

$$\text{液体} \xrightarrow{\text{热}} \text{蒸气} \xrightarrow[\text{氧化、分解}]{\text{热、氧化剂}} \text{中间产物} \xrightarrow{\text{燃烧}} \text{产物+热}$$

蒸发相变是可燃液体燃烧的准备阶段,而其蒸气的燃烧过程与可燃气体是相同的。

轻质液体的蒸发纯属物理过程,液体分子只要吸收一定能量克服周围分子的引力即可进入气相并进一步被氧化分解,发生燃烧。因而轻质液体的蒸发耗能低,蒸气浓度较大,点火后首先在蒸气与空气的接触界面上产生瞬时的预混火焰,随后形成稳定的燃烧。着火初期由于液面温度不高,蒸气补充不快,燃烧速率不太快,产生的火焰就不太高。随着燃烧的持续,火焰的热辐射使液体表面升温,蒸发速率加快,燃烧速率和火焰高度也随之增大,直到液体沸腾,烧完为止。

重质液体的蒸发除有相变的物理过程外,在高温下还伴随有化学裂解。重质液体的各

组分沸点、密度、闪点等都相差很大,燃烧速率一般是先快后慢。沸点较低的轻组分先蒸发燃烧,高沸点的重质组分吸收大量辐射热在重力作用下向液体深部沉降。液体中重质组分比例不断增加,蒸发速率降低而导致燃烧速率逐渐减小。随着燃烧的进行,液体具有相当高的表面温度,形成高温热波向下传播,有些组分在此温度下尚未达沸点即已开始热分解,产生轻质可燃蒸气和碳质残余物,分解的气体产物继续燃烧。火焰的辐射可使液体燃烧的速率加快,火焰增大。火焰中尚未完全燃烧的分子碎片、碳粒及部分蒸气,在扩散过程中降温凝成液雾,于火焰上方形成浓度较大的烟雾,当液面温度接近重质组分的沸点时,稳定燃烧的火焰将达最高。

二、可燃液体的燃烧形式

(一)蒸发燃烧

蒸发燃烧即可燃液体受热后边蒸发边与空气相互扩散混合、遇点火源发生燃烧,呈现有火焰的气相燃烧形式。

1. 常压下液体自由表面的燃烧(池状燃烧)

蒸发燃烧的过程是边蒸发扩散边氧化燃烧,燃烧速率较慢而稳定。如果可燃液体较快,则可燃液体流出部分表面呈池状燃烧,可燃液体流到哪里,便将火焰传播到哪里,具有很大危险。

闪点较高的可燃液体呈池状往往不容易一下点燃,如把它吸附在灯芯上就很容易点燃。例如,煤油灯、柴油炉在多孔物质的浸润作用下液体蒸发表面增大,而灯芯又是一种有效绝热体,具有较好的蓄热作用。点火源的能量足以使灯芯吸附的部分可燃液体迅速蒸发,使局部蒸气浓度达到燃烧浓度,一点就燃。燃烧产生的热量又进一步加快了灯芯上可燃液体蒸发,使火焰温度、高度和亮度增加,达到稳定燃烧,直到可燃液体全部烧完。因此,在防火工作中要注意高闪点液体吸附在棉被等多孔物质上发生自燃和着火的危险。

2. 可燃液体的喷流式燃烧

在压力作用下,从容器或管道内喷射出来的可燃液体呈喷流式燃烧(如油井井喷火灾、高压容器火灾等)。这种燃烧形式实际上也属于蒸发燃烧。可燃液体在高压喷流过程中分子具有较大动能,喷出后迅速蒸发扩散,冲击力大,燃烧速率快,火焰高。在燃烧初期,如能设法关闭阀门(或防喷器)切断可燃液体来源,较易扑灭;否则,燃烧时间过长,会使阀门或井口装置被严重烧损,则较难扑救。

(二)动力燃烧

可燃液体的蒸气、低闪点液雾预先与空气(或氧气)混合,遇火源产生带有冲击力的燃烧称为动力燃烧。

可燃液体的动力燃烧与可燃气体的动力燃烧具有相同的特点。快速喷出的低闪点液雾,由于蒸发面积大、速率快,在与空气进行混合的同时即已形成其蒸气与空气的混合气体,所以遇点火源就产生动力燃烧,使未完全汽化的小雾滴在高温条件下立即参与燃烧,燃烧速率远大于蒸发燃烧。例如,雾化汽油、煤油等挥发性较强的烃类在汽缸内的燃烧;煤油汽灯的燃烧速率之所以大于一般煤油灯的燃烧速率,因为它是预混燃烧,氧化充分,表现出火焰白亮、炽热的燃烧现象。

密闭容器中的可燃性液体,受高温会使体系温度骤然升高,蒸发加快,有可能使容器发生爆炸并导致相继产生的混合气体发生二次爆炸。而乙醚、汽油等挥发性强、闪点低的可燃液体,其液面以上相当大的空间即为其蒸气与空气形成的爆炸性混合气体,即使静电火花都会使之发生燃烧其至爆炸。

(三)沸溢式燃烧和喷溅式燃烧

可燃液体的蒸气与空气在液面上边混合边燃烧,燃烧放出的热量向可燃液体内部传播。由于液体特性不同,热量在液体中的传播具有不同特点,在一定条件下,热量在原油或重质品中的传播会形成热波,并引起原油或重质油品的沸溢和喷溅,使火灾变得更加猛烈。现以原油为例进行讨论。

1. 基本概念

(1)初沸点。初沸点是指原油中密度最小的烃类沸腾时的温度,也是原油中最低的沸点。

(2)终沸点。终沸点是指原油中密度最大的烃类沸腾时的温度,也是原油中最高的沸点。

(3)沸程。沸程是指不同密度、不同沸点的所有馏分转变为蒸气的最低和最高沸点的温度范围。单组分液体只有沸点而无沸程。

(4)轻组分。轻组分是指原油中密度小、沸点低的很少一部分烃类组分。

(5)重组分。重组分是指原油中密度大、沸点高的很少一部分烃类组分。

2. 单组分可燃液体燃烧时热量在液层的传播特点

单组分可燃液体(如甲醇、丙酮、苯等)和沸程较窄的混合可燃液体(如煤油、汽油等),在自由表面燃烧时,很短时间内就形成稳定燃烧,且燃烧速率基本不变。燃烧时,火焰的热量通过辐射传入液体表面,然后通过导热向液面以下传递,由于受热液体密度减小而向上运动,因此热量只能传入很浅的液层内。几种单组分可燃液体燃烧时液层中的温度分布情况如图 5-2 所示。

从图 5-2 中可以看出,不同可燃液体其温度分布的厚度是不相同的,即热量由液面向液体内部渗入的深度是不相同的。煤油温度分布厚约 50 mm;汽油较薄,约 30 mm;石油醚更薄约 25 mm。

单组分可燃液体燃烧具有以下特点:

(1)液面温度接近但稍低于液体的沸点。可燃液体燃烧时,火焰传给液面的热量使液面温度升高。接近沸点时,液面的温度则不再升高。可燃液体在敞开空间燃烧时,蒸发在非平衡状态下进行,且液面要不断向液体内部传热,所以液面温度不可能达到沸点,而是稍低于沸点。

(2)液面加热层很薄,单组分油品和沸程很窄的可燃混合油品,在池状稳定燃烧时,热量只传播到较浅的油层中,即液面加热层很薄。这与通常人们认为的"液面加热层随时间不断加厚"是不符合的。

可燃液体稳定燃烧时,液体蒸发速率是一定的,火焰的形状和热释放速率是一定的,因此,火焰传递给液面的热量也是一定的。这部分热量一方面用于蒸发液体;另一方面用于向下加热液体层。如果加热厚度越来越少,而用于蒸发液体的热量越来越多,那么火焰燃烧将

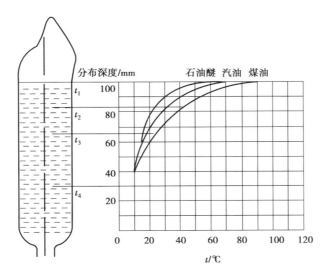

图 5-2　几种单组分可燃液体燃烧时液层中的温度分布

加剧。但是,这与单组分可燃液体能形成稳定燃烧的性质是不相符的。因此,可燃液体在稳定燃烧时,液面下的温度分布是一定的。

3.原油燃烧时热量在液层的传播特点

沸程较宽的可燃混合液体主要是一些重质油品,如原油、渣油、蜡油、沥青、润滑油等,由于没有固定的沸点,在燃烧过程中,火焰向液面传递的热量首先使低沸点组分蒸发并进入燃烧区燃烧,而沸点较高的重质部分则携带在表面接受的热量向液体深层沉降,形成一个热的峰面向液体深层传播,逐渐深入并加热冷的液层,最后形成一个温度较高的界面,此界面称为热波。液体能形成热波的特性称为热波特性。

热波的初始温度等于液面的温度,等于该时刻原油中最轻组分的沸点。随着原油的连续燃烧,液面蒸发组分的沸点越来越高,热波的温度会由 150 ℃逐渐上升到 315 ℃,比水的沸点高得多。热波在液层中向下移动的速率称为热波传播速率,它比液体的直线燃烧速率(即液面下降速率)快,两者的比较见表 5-2。在已知某种油品的热波传播速率后,就可以根据燃烧时间估算可燃液体内部高温层的厚度,进而判断含水的重质油品发生沸溢和喷溅的时间。因此,热波传播速率是扑救重质油品火灾时要用到的重要参数。

表 5-2　热波传播速率与直线燃烧速率的比较

油品种类		热波传播速率/($mm \cdot min^{-1}$)	燃烧速率/($mm \cdot min^{-1}$)
轻质油品	含水(质量分数)低于 0.3%	7 ~ 15	1.7 ~ 7.5
	含水(质量分数)高于 0.3%	7.5 ~ 20	1.7 ~ 7.5
重质燃油及燃料油油品	含水(质量分数)低于 0.3%	约 8	1.3 ~ 2.2
	含水(质量分数)高于 0.3%	3 ~ 20	1.3 ~ 2.3
初馏分(原油轻组分)		4.2 ~ 5.8	2.5 ~ 4.2

4. 沸溢和喷溅

含有水分、黏度较高的重质石油产品,如原油、重油、沥青油等,发生燃烧时,有可能产生沸溢和喷溅现象。

(1)沸溢式燃烧。

原油黏度比较大,且都含有一定的水分,例如,大庆原油含水量 6.6%,脱水后还含有 0.5%的水分,恩氏黏度(50 ℃时)为 3.41°E。在原油中的水一般以乳化水和水垫两种形式存在。乳化水是原油在开采运输过程中,原油中的水由于强力搅拌成细小的水珠悬浮于油中而形成的。放置久后,油水分离,水因密度大而沉降在底部形成水垫。

在热波向液体深层运动中,由于热波温度远高于水的沸点,因而热波会使油品中的乳化水汽化,大量的蒸气就要穿过油层向液面逸出,在向上移动过程中形成油包气的气泡,即油的一部分形成了含有大量蒸气气泡的泡沫。这样,必然使可燃液体体积膨胀,向外溢出,同时部分未形成泡沫的油品也会被下面的蒸气膨胀力抛出罐外,使液面猛烈沸腾起来,就像"跑锅"一样,这种现象称为沸溢。

从沸溢形成的过程说明,沸溢式燃烧必须具备下列条件:

①原油具有热波的特性。

②原油中必须含有乳化水,水遇热波变成蒸气。

③原油黏度较高,使水蒸气不容易从下向上穿过油层。如果原油黏度较低,水蒸气很容易通过油层,就不容易形成沸溢。

④原油离罐口比较近。

(2)喷溅式燃烧。

喷溅式燃烧是指贮罐中含水垫层的原油、重油、沥青等石油产品随着燃烧的进行,热波的温度逐渐升高,热波向下传递的距离也越远,当到达水垫时,水垫的水大量蒸发,蒸气体积迅速膨胀,以至把水垫上面的液体层抛向空中燃烧,这种现象称为喷溅式燃烧。从喷溅形成的过程来看,喷溅式燃烧必须具备 3 个条件:

①原油具有形成热波的特性,即沸程要宽,密度相差较大。

②油罐底部有水垫层。

③热波头温度高于水的沸点,并与水垫层接触。

一般情下,发生沸溢要比喷溅的时间早得多。发生沸溢的时间与原油种类,水分含量有关。根据试验,含有 1% 水分的石油,经 45~60 min 燃烧就会发生沸溢。喷溅发生时间与油层厚度、热波移动速率及油的燃烧线速率有关,可近似用式(5-3)计算,即

$$t = \frac{H-h}{v_0 + v_t} - KH \qquad (5-3)$$

式中　t——预计发生喷溅的时间,h;

　　　H——贮罐中油面高度,m;

　　　h——贮罐中水垫层的高度,m;

　　　v_0——原油燃烧线速率,m/h;

　　　v_t——原油的热波传播速率,m/h;

　　　K——提前系数,m/h,贮油温度低于燃点取 0,温度高于燃点取 0.1。

（3）沸溢和喷溅燃烧的早期预测。

在油罐火灾中，沸溢发生之前往往表现出种种征兆。油罐火灾在出现沸溢、喷溅前，通常会出现液自面上发出"啪叽啪叽"的微爆噪声，燃烧出现异常，火焰呈现大尺度的脉动、闪烁，油罐开始出现振动等，往往是在这些异常现象出现之后的数秒到数十秒发生沸溢。

油罐火灾在出现喷溅前，通常会出现以下现象：油面蠕动、涌涨现象；火焰增大，发亮、变白；出现油沫 2～4 次；烟色由浓变淡；发生剧烈的"嘶嘶"声；金属油罐会发生罐壁颤抖，伴有强烈的噪声（液面剧烈沸腾和金属罐壁变形所引起的），烟雾减少，火焰更加发亮，火舌尺寸更大，火舌形似火箭。

当油罐火灾发生喷溅时，能把燃油抛出 70～120 m，不仅使火灾猛烈发展，而且严重危及扑救人员的生命安全，应及时组织撤退，以减少人员伤亡。随着科学技术的进步与发展，应用现代火灾科学的原理和方法，研究沸溢和喷溅的形成规律，弄清其发生的基本条件和影响因素，寻求监测预报沸溢和喷溅前兆的途径，将会有效地防止和预测沸溢和喷溅火灾的发生，正确地制订灭火战术，并为储罐安全工程设计，提供可靠的科学依据。

📖 **思考题**

1. 可燃液体的燃烧形式有哪些？

2. 单组分可燃液体物质燃烧时热量传播的特点有哪些？

3. 什么是热波？

4. 分别说明原油罐沸溢和喷溅的形成过程，并说明它们有什么相同点和不同之处。

5. 沸溢和喷溅的形成条件有哪些？ 分析说明能形成热波的重质油品在火灾燃烧时是否一定能形成沸溢或喷溅。

6. 沸溢和喷溅发生前的征兆有哪些？

第三节　可燃液体的燃烧速率

📖 **学习目标**

1. 掌握可燃液体燃烧速率的表示方法。

2. 了解可燃液体燃烧速率的主要影响因素。

📖 **能力目标**

1. 能够将液体燃烧的速率表达方法运用到工程实际中。

2. 能够掌握可燃液体的燃烧的影响因素并运用实际生活中。

一、可燃液体燃烧速率的表示方法

可燃液体燃烧速率通常有两种表示方法,即燃烧线速率和质量燃烧速率。

1.燃烧线速率

燃烧线速率是指单位时间内燃烧掉的液层厚度,可用式(5-4)表示,即

$$v = \frac{H}{t} \tag{5-4}$$

式中　v——燃烧线速率,m/h;

　　　H——可燃液体燃烧掉的厚度,m;

　　　t——可燃液体燃烧所需要的时间,h。

2.质量燃烧速率

质量燃烧速率是指单位时间内单位面积燃烧的液体的质量,可用式(5-5)表示,即

$$G = \frac{m}{st} \tag{5-5}$$

式中　G——质量燃烧速率,$[kg/(m^2 \cdot h)]$;

　　　m——燃烧掉的液体质量,kg;

　　　s——可燃液体燃烧的表面积,m^2;

　　　t——可燃液体燃烧时间,h。

3.燃烧质量速率与燃烧线速率的关系

已知可燃液体的密度ρ(单位为 kg/m^3),则液体质量 $m = \rho s H$,所以质量燃烧速率也可以表示为

$$G = v\rho \tag{5-6}$$

某些可燃液体的燃烧速率见表5-3。

表5-3　某些可燃液体的燃烧速率

名称	密度 $\rho/(\times 10^3 \cdot m^{-3})$	燃烧速率	
		燃烧线速率 $v/(mm \cdot min^{-1})$	质量燃烧速率 $G/[kg \cdot (m^2 \cdot h)^{-1}]$
航空汽油	0.73	2.1	91.98
车用汽油	0.77	1.75	8.88
煤油	0.835	1.10	55.11
直接蒸馏的汽油	0.938	1.41	78.1
丙酮	0.79	1.4	66.36
苯	0.879	3.15	165.37
甲苯	0.866	2.68	138.29
二甲苯	0.861	2.04	104.05
乙醚	0.715	2.93	125.84
甲醇	0.791	1.2	57.6
丁醇	0.81	1.069	52.08

续表

名称	密度 $\rho/(\times 10^3 \cdot m^{-3})$	燃烧速率	
		燃烧线速率 $v/(mm \cdot min^{-1})$	质量燃烧速率 $G/[kg \cdot (m^2 \cdot h)^{-1}]$
戊醇	0.81	1.297	63.034
二硫化碳	1.27	1.745	132.97
松节油	0.86	2.41	123.84
醋酸乙酯	0.715	1.32	70.31

4.可燃液体液面火焰的传播速率

当可燃液体表面上的某一点被引燃时,火焰以一定的速率在表面传播。火焰在单位时间内在液体表面所传播的距离,称为液面火焰的传播速率,以 m/s 或 cm/s 表示。

可燃液面火焰的传播速率与液体的燃烧性质有关。

易燃液体由于在常温下蒸气压就已很高,当有火星、灼热物体靠近时便能引燃,并且火焰沿液体表面迅速传播,其速率可达 0.5～2 m/s。

可燃液体必须在火焰或灼热物体的长时间作用下,表面层吸收足够热量而强烈蒸发后才能自燃。加热表面和使之蒸发需要一定的时间,因而火焰沿可燃液体表面传播的速率较慢,一般可燃液体火焰液面传播速率不超过 0.4 m/s。同时,点燃初期由于火焰的热传递能量低,可燃液体表面温度不高,蒸发速率慢,所以可燃液体表面的燃烧速率较慢,生成的火焰不高。随着燃烧强度的不断增大,表层温度上升,蒸发速率加快,燃烧速率和火焰高度逐步提高。

部分可燃液体液面上火焰的最大传播速率见表5-4。

表5-4　部分可燃液体液面上火焰的最大传播速率

名称	相对密度	最大传播速率/$(cm \cdot s^{-1})$	最大传播速率时的火焰温度/K
丙酮	0.792	50.18	2 121
丙烯酮	0.841	61.75	—
丙烯氰	0.797	46.75	2 461
苯	0.885	44.60	2 365
丁酮	0.805	39.45	—
甲基乙基甲酮	0.601	47.60	2 319
二硫化碳	1.263	54.46	—
环己烷	0.783	42.46	2 250
环戊烷	0.751	41.17	2 264
正癸烷	0.734	4.31	2 286
二乙醚	0.715	43.74	2 253

续表

名称	相对密度	最大传播速率/（cm·s⁻¹）	最大传播速率时的火焰温度/K
环氧乙烷	0.965	100.35	2 411
正戊烷	0.688	42.46	2 214
异丙烯	0.901	35.59	—
甲醇	0.664	42.46	2 239

二、可燃液体燃烧速率的主要影响因素

1. 燃烧区传给液体的热量不同，燃烧速率不同

可燃液体要维持稳定的燃烧，液面就要不断从燃烧区吸收热量，进行液体蒸发，并保持一定的蒸发速率。火焰的热主要以辐射的形式向液面传递。如果其他条件不变，液面从火焰接收的热量越多，则蒸发速率就越快，燃烧速率也加快。由火焰辐射给液面的热量可由式（5-7）确定，即

$$Q = G\left[\Delta H_V + \overline{C}_p(t_2 - t_1)\right] \tag{5-7}$$

式中　Q——液体表面接收的热量，kJ/（m²·h）；

　　　G——液体燃烧的质量速率，kg/（m²·h）；

　　　ΔH_V——液体的蒸发热，kJ/kg；

　　　$\overline{C}_p$——液体的平均热容，kJ/（kg·℃）；

　　　t_2——燃烧时液体表面温度，℃；

　　　t_1——液体初温，℃。

2. 可燃液体初温越高，燃烧速率越快

可燃液体初温越高，液体蒸发速率越快，燃烧速率就越快。表5-5列出的是苯和甲苯在直径为6.2 cm容器中不同温度下的燃烧速率。

表5-5　苯和甲苯在不同温度下时的燃烧速率

苯的温度/℃	16	40	57	60	70
燃烧速率 v/（mm·min⁻¹）	3.15	3.47	3.69	3.87	4.09
甲苯的温度/℃	17	52	58	98	—
燃烧速率 v/（mm·min⁻¹）	2.68	3.32	3.68	4.01	—

3. 可燃液体燃烧速率随贮罐直径不同而不同

图5-3表示煤油、汽油、轻油燃烧速率随罐径变化的曲线。从曲线可以看出，当罐径小于10 cm时，燃烧速率随罐径增大而下降；罐径在10～80 cm时，燃烧速率随罐径增大而增大；罐径大于80 cm时，燃烧速率基本稳定下来，不再改变。这是因为随着罐径的改变，火焰向燃料表面传热的机理也相应地发生了重要改变。在罐径比较小时，燃烧速率由导热传热决定；在罐径比较大时，燃烧速率由辐射传热决定。根据这种情况对大罐径的贮油罐的火灾，制订灭火计划时，就可以计算扑灭火灾所需的力量和灭火剂数量。

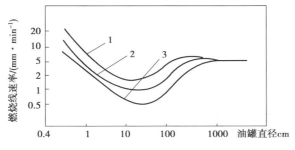

图 5-3　液体燃烧速率随罐径的变化曲线

1—汽油；2—煤油；3—轻油

4. 可燃液体燃烧速率随贮罐中液面高度降低而减慢

随着液面降低，液面和燃烧区的距离增大，传到液体表面的热量减少，燃烧速率降低，几种可燃液体在液面高度不同时的燃烧速率见表 5-6。

表 5-6　几种液体在液面高度不同时的燃烧速率

名称	参数	$d=5.2$ mm				$d=10.9$ mm				$d=22.6$ mm			
	$h/$mm	0	2.5	6.5	8.5	0	2.5	6.5	8.5	0	2.5	6.5	8.5
乙醇	$v/$(mm·min^{-1})	—	7.1	3.1	1.0	3.6	2.5	1.0	0.4	2.0	1.4	0.6	0.45
煤油	$v/$(mm·min^{-1})	9.0	6.2	—	—	3.3	2.4	0.4	—	1.9	1.2	0.55	0.3
汽油	$v/$(mm·min^{-1})	—	15	5.7	2.4	6.4	5.4	1.9	0.9	2.9	2.3	1.2	0.8

5. 水对燃烧速率的影响

石油产品大多含有一定的水分，燃烧时水的蒸发要吸收部分热量，蒸发的水蒸气充满燃烧区，使可燃蒸气与氧气浓度降低，燃烧速率下降。

6. 风的影响

风有利于可燃蒸气与氧的充分混合，有利于将燃烧产物及时输送走。因此，风能加快燃烧速率，但风速过大又有可能使燃烧熄灭。风速对汽油、柴油、重油的燃烧速率的影响如图 5-4 所示。

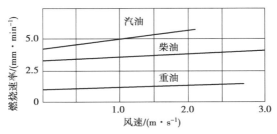

图 5-4　风速对燃烧速率的影响

📖 **思考题**

1. 影响液体燃烧速率的因素有哪些？

2. 可燃液体燃烧速率的表示方法是什么？

第四节　可燃液体的闪燃

📖 **学习目标**

1. 掌握闪燃的基本概念。

2. 熟悉闪点的变化规律和闪点在消防工作中的应用。

📖 **能力目标**

1. 将闪点运用到生活、工作中，掌握可燃液体的危险性。

2. 能够根据闪点的变化规律，掌握实际工作中的储存、使用方法与注意事项。

一、闪燃与闪点

可燃有机物液体的温度越高，有机物液体蒸发出的蒸气越多，当温度不高时，液面上少量的可燃蒸气与空气混合后，遇到火源而发生一闪即灭（持续时间小于 5 s）的燃烧现象，称为闪燃。

可燃蒸气与空气构成一种混合物，并在与火源接触时发生闪燃的最低温度，称为该液体的闪点。闪点越低，火灾危险性越大，如乙醚的闪点为 -45 ℃，煤油的闪点为 28 ℃，说明乙醚不仅比煤油的火灾危险性大，而且还表明乙醚具有低温火灾危险性。

可燃有机物液体之所以会发生一闪即灭的闪燃现象，是因为它在闪点的温度下蒸发速度较慢，所蒸发出来的蒸气仅能维持短时间的燃烧，而来不及提供足够的蒸气补充维持稳定的燃烧。也就是说，在闪点温度时，燃烧的仅仅是可燃液体所蒸发的那些蒸气，而不是液体自身在燃烧，即还没有达到使液体能燃烧的温度，所以燃烧表现为一闪即灭的现象。

闪燃是可燃液体发生着火的前奏，从防火的观点来看，闪燃就是危险的警告，闪点是衡量可燃液体火灾危险性的重要依据。因此，在关注可燃液体火灾危险性时，闪燃是必须关注的一种燃烧类型。

在闪点时，可燃液体生成的蒸气还不多，仅能维持一刹那的燃烧；可燃液体蒸发速率还不快，来不及补充新的蒸气以维持稳定的燃烧，所以闪燃一下就熄灭了。闪燃往往是着火的先兆，当可燃液体加热到闪点以上时，一经火焰或火星的作用，就不可避免地引起着火。

当液体上方空间的饱和蒸气压与空气的混合气体中可燃液体蒸气浓度达到爆炸浓度极限时，混合气体遇火源就会发生爆炸。根据蒸气压的理论，对特定的可燃液体，饱和蒸气压（或相应的蒸气浓度）与温度成对应关系。蒸气爆炸浓度上、下限所对应的液体温度称为可燃液体的爆炸温度上、下限。

爆炸温度下限，即液体在该温度下蒸发出等于爆炸浓度下限的蒸气浓度，也就是说，液体的爆炸温度下限就是液体的闪点；爆炸温度上限，即液体在该温度下蒸发出等于爆炸浓度上限的蒸气浓度。爆炸温度上、下限值之间的范围越大,爆炸危险性就越大。显然,利用爆炸极限来判断可燃液体的蒸气爆炸危险性更方便。部分可燃液体的爆炸浓度极限与对应的爆炸温度极限见表 5-7。

表 5-7　部分可燃液体的爆炸浓度极限与对应的爆炸温度极限

爆炸温度极限/%		液体名称	爆炸浓度极限/%	
下限	上限		下限	上限
3.3	19.0	乙醇	11	40
1.1	7.1	甲苯	5.5	31
1.7	7.2	车用汽油	−38	−8
1.4	7.5	灯用煤油	40	86
1.7	49.0	乙醚	−45	13
1.2	8.0	苯	−14	19

二、同系物的闪点变化规律

从消防观点来说,闪燃是可燃液体和某些低熔点固体可燃物发生火灾的危险信号,闪点是评价可燃液体火灾危险性的主要参数。可燃液体的闪点越低,火灾危险性越大。

一般而言,可燃液体多数是有机化合物。有机化合物根据其分子结构不同,分成若干同系物,同系物虽然结构相似,但分子量却不相同。分子量大的分子结构变形大、分子间力大、蒸发困难、蒸气浓度低、闪点高;否则闪点低。因此,同系物的闪点具有以下规律:

(1)同系物液体的闪点,随其分子量的增加而升高。
(2)同系物液体的闪点,随其沸点的增加而升高。
(3)同系物液体的闪点,随其密度的增加而升高。
(4)同系物液体的闪点,随其蒸气压的降低而升高。

部分醇和芳烃的物理性能见表 5-8。

表 5-8　部分醇和芳烃的物理性能

液体名称		化学式	式量	密度/$(g \cdot cm^{-3})$	沸点/℃	20 ℃的蒸气压力/kg	闪点(闭杯)/℃
醇类	甲醇	CH_3OH	32	0.792	64.56	11.79	12
	乙醇	C_2H_5OH	46	0.789	78.4	5.85	13
	丙醇	C_3H_7OH	60	0.804	97.2	1.93	15
	丁醇	C_4H_9OH	74	0.810	117.8	0.63	29
芳烃类	苯	C_6H_6	78	0.878	80.36	9.95	−11
	甲苯	$C_6H_5OH_3$	92	0.866	110.8	2.97	4
	二甲苯	$C_6H_4(CH_3)_2$	16	0.879	146.0	2.17	25

（5）同系物中正构体比异构体闪点高,正构体与异构体的闪点比较见表5-9。

表5-9　正构体与异构体的闪点比较

物质名称	沸点/℃	闪点/℃	物质名称	沸点/℃	闪点/℃
正戊烷	36	−48	正己酮	127.5	35
异戊烷	28	−52	异己酮	119	17
正辛烷	125.6	12	正丙醚	91	−11.5
异辛烷	99	−12.5	异丙醚	69	−13
正丁醛	75.5	−22	正丙胺	46	−7
异丁醛	64	−40	异丙胺	32.4	−18

同系物的闪点的变化规律,是由分子间范德华力作用的不同造成的。式量的增大表明分子中原子数增加了,而原子数增多,分子间范德华力也就增大,造成液体的沸点增高,蒸气压降低,密度增高,闪点升高。相同碳原子数的异构体中,支链数增多,造成空间阻碍增大,使分子间距离变远,从而使分子间的范德华力减弱,沸点降低,闪点下降。

汽油的闪点与馏分的关系见表5-10。

表5-10　汽油的闪点与馏分的关系

馏分/℃	闪点/℃
50～60	−58
60～70	−45
70～80	−36
80～110	−24
110～120	−11
120～130	−4
130～140	3.5
140～150	10

三、混合液体的闪点变化规律

1. 两种完全互溶可燃性液体的混合液体的闪点

两种完全互溶可燃性液体的混合液体的闪点一般低于各组分闪点的平均值,并且接近于混合物中含量较大的组分的闪点。例如,甲醇和乙酸戊酯的混合物,纯甲醇的闪点为12 ℃,纯乙酸戊酯的闪点为28 ℃,当60%的甲醇与40%的乙酸戊酯混合时,其闪点并不等于(12×60% +28×40%) ℃ =18.4 ℃,而为10 ℃,如图5-5所示。甲醇和丁醇1:1的混合液的闪点不是(12+29)/2 ℃ =20.5 ℃,而是13 ℃,要比平均值低,如图5-6所示。又如,车用汽油的闪点为−38 ℃,灯用煤油的闪点为40 ℃,如果将这两种液体按1:1混合时,其闪点低于(−38+40)/2 ℃ =1 ℃。实验表明,在煤油中加入1%的汽油,可使煤油的闪点降低10 ℃以上。可见,如果往可燃液体中添加闪点更低的可燃液体,即使加入的量不多,也能大大降低可燃液体的闪点,增大其火灾危险性。

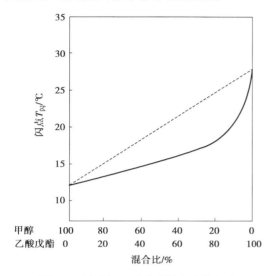

图 5-5　甲醇与乙酸戊酯混合液的闪点

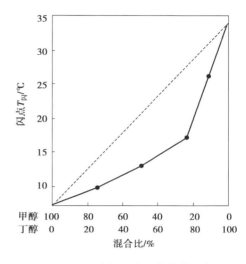

图 5-6　甲醇与丁醇混合液的闪点

2. 可燃液体与不可燃液体的混合液体的闪点

在可燃液体中掺入互溶的不燃液体,其闪点随着不燃液体含量的增加而升高。当不燃组分含量达到一定值时,混合液体不再发生闪燃。这类混合物常见的如甲醇与水、乙醇与水、丙酮与水以及甲醇与四氯化碳等。醇与水混合液体的闪点变化见表 5-11。

表 5-11　醇与水混合液体的闪点变化

混合液体中醇的含量/%	闪点/℃	
	甲醇	乙醇
100	12	13
75	18	22
55	22	23
40	30	25
10	60	50
5	无	60
3	无	无

从表 5-11 中可以看出,能与水互溶的醇,闪点随含水量的增加随之提高。对于乙醇的水溶液,当水占 60% 时,其闪点将由纯乙醇时的闪点 13 ℃升至 25 ℃;当水占 97% 时,混合液体就不再发生闪燃。

因此,对于能溶于水的可燃液体引发的火灾,用水稀释虽能提高闪点,但只有当溶液极稀时,才能使其不再发生闪燃。若可燃液体体积较大时,单纯用水稀释法来灭火并不适合,因为在这种情况下,不但可燃液体在火灭后不能再使用,而且稀释需要耗费大量的水,容易使可燃液体溢出容器,造成火势蔓延扩大。

四、闪点的测定和计算

(一) 闪点的测定

根据测定方法的不同,可燃液体闪点分为闭杯试验闪点和开杯试验闪点两种。用规定的闭口杯法测得的结果称为闭杯试验闪点,测试过程是将可燃液体样品放在有盖的容器中加热测定(图5-7),常用于测定煤油、柴油等轻质油品或闪点低的液体;用规定的开口杯法测得的结果称为开杯试验闪点,测试过程是将可燃液体样品放在敞口容器中,加热后蒸气可以自由扩散到周围空气中进行测定(图5-8),常用于测定润滑油等重质油品或闪点高的液体。测定的方法不同,其闪点值也不同,一般开杯试验闪点要比闭杯试验闪点高 15 ~ 25 ℃,闪点越高,两者差别越大。

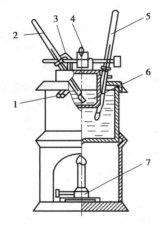

图 5-7　闭杯试验闪点测定仪
1—溢流口;2—试样用温度计;
3—试验火苗标准球;4—试验火苗;
5—水溶液用温度计;6—试验容器;7—气体加热器

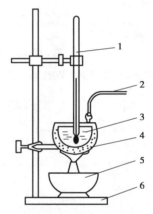

图 5-8　开杯试验闪点测定仪
1—温度计;2—点火器;3—瓷坩埚;
4—砂浴;5—酒精灯;6—支架

(二) 闪点的计算

可燃液体的闪点,也可以通过计算方法求得,但计算值不如仪器测定值准确,因为在计算时只考虑到混合物的组成和燃烧时所需氧气的理论量,不考虑其他因素的影响。由于闪点是可燃液体重要的燃烧性能参数,因而用计算方法求出的闪点近似值,在消防工作中仍不失其参考价值。

1. 根据道尔顿公式计算

通过液体的饱和蒸汽压计算液体的闪点,其计算原理是根据可燃液体温度与其饱和蒸汽压的对应关系,计算可燃液体闪燃时的饱和蒸气压,由此得出该液体的闪点。常见可燃液体的饱和蒸气压见表5-12。

表 5-12　常见可燃液体的饱和蒸气压/mmHg

液体名称	温度/℃								
	−20	−10	0	10	20	30	40	50	60
丙酮	—	38.7	63.33	110.32	184.0	280.0	419.3	608.81	866.4
苯	7.43	14.63	26.6	44.75	74.8	118.4	181.5	268.7	392.5
乙酸丁酯	—	3.6	7.0	13.9	25.0	43.7	70.9	—	—
航空汽油	—	—	88.0	114.0	154.0	210.0	283.0	377.0	—
车用汽油	—	—	40.0	50.0	70.0	98.0	136.0	180.0	—
甲醇	6.27	13.47	26.82	50.18	88.67	150.2	243.5	318.7	625.0
二硫化碳	48.48	81.0	131.98	203.0	301.8	437.0	617.0	856.7	170.1
松节油	—	—	2.07	2.94	4.45	6.87	10.8	16.98	—
甲苯	1.74	3.42	6.67	12.7	22.3	37.2	59.3	93.0	139.5
乙醇	2.5	5.6	12.2	23.8	44.0	78.1	133.4	219.9	351.5
乙醚	67.0	112.3	184.39	286.8	432.7	634.8	907.01	1 264.8	1 623.2
乙酸乙酯	6.5	12.0	24.2	43.8	72.8	118.4	183.7	282.3	415.3
乙酸甲酯	19.0	35.15	62.1	104.8	169.8	265.0	—	—	—
丙醇	—	—	3.27	7.14	14.5	27.8	50.8	88.5	147.0
丁醇	—	—	—	2.03	4.71	9.2	17.9	33.1	59.2
戊醇	—	—	0.6	1.33	2.77	5.54	10.57	19.36	34.1
乙酸丙酯	—	—	7.0	16.3	25.6	48.25	70.9	121.4	171.9

根据爆炸极限的经验公式,当液面上方的总压力为 $P_{总}$ 时,可燃液体的闪点所对应的可燃液体的蒸气压 $P_{饱}$ 为:

$$P_{饱}=\frac{P_{总}}{1+4.76(2A-1)} \tag{5-8}$$

式中　$P_{饱}$——闪点温度下可燃液体的饱和蒸气压,mmHg;

　　　$P_{总}$——可燃液体蒸气与空气混合物的总压强,通常等于大气压,760 mmHg;

　　　A——燃烧 1 mol 液体所需氧气的摩尔数。

计算出 $P_{饱}$ 后,再利用内插法计算 $T_{闪}$,计算公式如下:

$$T_{闪}=T_1+\frac{P_{饱}-P_1}{P_2-P_1}\times(T_2-T_1) \tag{5-9}$$

式中　$T_{闪}$——可燃液体的闪点,℃;

　　　T_1——前插值点可燃液体对应的闪点,℃;

　　　T_2——后插值点可燃液体对应的闪点,℃;

　　　P_1——前插值点可燃液体对应的饱和蒸气压,mmHg;

　　　P_2——后插值点可燃液体对应的饱和蒸气压,mmHg。

[例5-1]试计算苯在 760 mmHg 大气压下的闪点。

解写出苯的燃烧反应方程式:

$$C_6H_6 + 7.5O_2 \longrightarrow 6CO_2 + 3H_2O \tag{5-10}$$

从反应方程式可知:$A = 7.5$

将已得到的数据代入式(5-8)得

$$P_{饱} = \frac{P_{总}}{1+4.76(2A-1)} = \frac{760}{1+4.76 \times (15-1)} mmHg = 11.24 \ mmHg$$

查表知,苯在 -20 ℃和 -10 ℃时,其蒸气压分别为 7.43 mmHg 和 14.63 mmHg,再利用内插法求算出苯的闪点为

$$T_{闪} = \left(-20 + \frac{11.24-7.43}{14.63-7.43} \times 10\right) ℃ \approx -14.7(℃)$$

答:在一个大气压下苯的闪点为 -14.7 ℃.

2. 利用可燃液体蒸气爆炸浓度下限计算闪点

由于在闪点时可燃液体的饱和蒸气浓度就是该可燃液体蒸气的爆炸浓度下限 L。可燃液体的饱和蒸气浓度与饱和蒸气压的关系为

$$P_{饱} = \frac{LP_{总}}{100} \tag{5-11}$$

式中 L——蒸气爆炸下限(体积百分浓度);

　　　　$P_{总}$——蒸气和空气混合气体总压,一般为 $1.013\ 25 \times 10^5$ Pa。

若已知 L,即可求出 $P_{饱}$,然后从表 5-12 查出温度范围,利用插值法求出该液体的闪点。

五、闪点在消防工作中的应用

1. 闪点是评定液体火灾危险性的重要参数

闪点越低的液体,其火灾危险性就越大,反之,则越小。有的液体在常温下甚至在冬季,只要遇到明火就可能发生闪燃。例如,丙酮的闪点为 -18 ℃,乙醇的闪点为 13 ℃,丙酮的火灾危险性比乙醇大;又如乙酸的闪点是 39 ℃,它在室温下与明火接近是不能立即燃烧的,因为此时蒸发出来的乙酸蒸气分子很少,不足以发生闪燃,更不会燃烧,只有把乙酸加热到 39 ℃时才会发生闪燃,对其继续加热到燃点温度时才会发生燃烧,几种易燃液体的闪点见表 5-13。

表 5-13　几种易燃液体的闪点

液体名称	闪点(闭杯)/℃	液体名称	闪点(闭杯)/℃
乙酸	39	甲苯	4.0
标准汽油	<-20	二甲苯	25
松节油	35	甲醇	12.2
照明煤油	≥40	乙醇	13
菜籽油	163	乙二醇	111
二硫化碳	-30	丙酮	-18
苯	-11	丁酮	-1

2.根据闪点,划分可燃液体及其火灾危险性类别(表 5-14)

表 5-14　按闪点划分可燃液体及其火灾危险性类别

类别		闪点/℃	举例
甲类液体	易燃液体	<28	汽油、苯、乙醇、乙醚
乙类液体		28≤闪点<60	煤油、松节油、丁醇
丙类液体	可燃液体	≥60	柴油、重油、菜籽油

按照《危险货物分类和品名编号》(GB 6944—2012),易燃液体包括易燃液体和液态退敏爆炸品,易燃液体是指易燃的液体或液体混合物,或是在溶液或悬浮液中有固体的液体,其闭杯试验闪点不高于 60 ℃,或开杯试验闪点不高于 65.6 ℃。按照《建筑设计防火规范》(GB 50016—2014)(2018 年版)的规定,根据闪点的高低和在生产、储存中的火灾危险性大小,易燃液体可分为 3 类:甲类,即闪点低于 28 ℃的液体;乙类,即闪点不低于 28 ℃但须低于 60 ℃的液体;丙类,即闪点不低于 60 ℃的液体。

3.根据闪点确定灭火剂供给强度

灭火剂供给强度是指每单位面积上,在单位时间内供给灭火剂的数量,如泡沫液可表示为 $L/(s \cdot m^2)$。一般而言,闪点越低的液体,其灭火剂供给强度就越大。石油化工企业固定顶储罐的空气泡沫液供给强度见表 5-15。

表 5-15　固定顶罐的空气泡沫液供给强度

液体闪点/℃	空气泡沫液供给强度/$[L/(s \cdot m^2)]$		灭火时间/min
	固定、半固定式泡沫灭火系统	移动式泡沫灭火设备	
<60	0.8	1.0	30
≥60	0.6	0.8	30

📖 **思考题**

1.简述闪燃、闪点的概念。

2.简述闪点在消防工作中的应用。

第五节　可燃液体的自燃

📖 **学习目标**

1.了解可燃液体的自燃过程。

2.掌握可燃液体自燃点的变化规律。

📖 **能力目标**

1.通过了解可燃液体自燃的过程,能够在日常工作中注意物质的安全储存方式。

2.通过掌握可燃液体自燃点的变化规律,能够在日常工作中安全地使用可燃液体。

可燃物质受热升温而不需明火作用就能自行燃烧的现象称为自燃。引起自燃的最低温度称为自燃点,例如,黄磷的自燃点为 30 ℃、煤的自燃点为 320 ℃。自燃点越低,则火灾危险性越大。一些典型可燃液体的自燃点见表 5-16。

表 5-16　一些典型可燃液体的自燃点

物质名称	自燃点/℃	物质名称	自燃点/℃	物质名称	自燃点/℃
苯甲醛	190	煤油	220	乙醇	425
二硫化碳	102	汽油	260	丙酮	540
乙醚	180	苯	555	甲苯	535
环己烷	260	棉籽油	370	甲酸丁酯	320

一、同类液体自燃点的变化规律

(1)同系物的自燃点随式量的增加而降低。这是因为同系物内化学键键能随式量增大而变小,因而反应速率加快,自燃点降低。烷烃和醇类自燃点随式量的变化见表 5-17。

表 5-17　烷烃和醇类自燃点随式量的变化

烷烃	式量	自燃点/℃	醇类	式量	自燃点/℃
甲烷	16	537	甲醇	32	470
乙烷	30	472	乙醇	46	414
丙烷	44	446	丙醇	60	404
丁烷	58	430	丁醇	74	345

(2)有机物中的同分异构体物质,其正构体的自燃点低于其异构体的自燃点(表 5-18)。

表 5-18　同系物中正构体与异构体自燃点的比较

正构体	自燃点/℃	正构体	自燃点/℃
正丁烷	430	异丁烷	462
正丁烯	384	异丁烯	465
正丁醇	345	异丁烯	413
正丙醇	404	异丙醇	431
正戊醛	206	异戊醛	228
正丁甲酸丙酯	400	甲酸异丙酯	460

(3)饱和烃的自燃点比相应的不饱和烃自燃点高(表 5-19)。

表 5-19　饱和烃与不饱和烃自燃点的比较

饱和烃	自燃点/℃	不饱和烃	自燃点/℃
乙烷	472	乙烯	425
丙烷	446	丙烯	410

续表

饱和烃	自燃点/℃	不饱和烃	自燃点/℃
丁烷	430	丁烯	384
戊烷	309	戊烯	275
丙醇	404	丙烯醇	363

（4）烃的含氧衍生物（如醇、醛、醚等）的自燃点低于分子中含相同碳原子数的烷烃的自燃点，而且醇类自燃点高于醛类自燃点（表5-20）。

表5-20　烷烃与烃的含氧衍生物自燃点的比较

烷烃	自燃点/℃	烃的含氧衍生物			
		醇类	自燃点/℃	醛类	自燃点/℃
甲烷	537	甲醇	470	甲醛	430
乙烷	472	乙醇	414	乙醛	275
丙烷	446	丙醇	404	丙醛	221
丁醇	430	丁醇	345	丁醛	230
戊烷	309	戊醇	306	戊醛	205

（5）环烷类的自燃点一般高于相应烷类的自燃点（表5-21）。

表5-21　烷类与环烷类自燃点的比较

名称	自燃点/℃	名称	自燃点/℃
丙烷	470	环丙烷	495
丁烷	345	环丁烷	未测定
戊烷	285	环戊烷	230～240
己烷	265	环己烷	259

（6）液体的密度越大、闪点越高，则自燃点越低（表5-22）。

表5-22　部分可燃液体的自燃点

名称	自燃点/℃	名称	自燃点/℃
汽油	510～530	重柴油	300～330
煤油	380～425	蜡油	300～320
轻柴油	350～380	渣油	230～240

二、自燃点的影响因素

影响可燃物质自燃点的因素很多。例如，压力对自燃点就有很大的影响，压力越高，则自燃点越低。苯在 1 atm 时的自燃点为 680 ℃,在 10 atm 下的自燃点为 590 ℃,在 25 atm 下的自燃点为 490 ℃。

液体的自燃点不仅与其自身性质有关,而且还受下列因素影响。

1. 压力

压力越高,自燃点越低。由化学动力学知道,压力增加就会相对地使液面上方的蒸气浓度和氧气浓度增加,化学反应速率增加,从而使放热速率大于散热速率,自燃点降低(表5-23)。

表 5-23　压力作用下的自燃点的变化

物质名称	自燃点/℃					
	$1×10^5$ Pa	$5×10^5$ Pa	$10×10^5$ Pa	$15×10^5$ Pa	$20×10^5$ Pa	$25×10^5$ Pa
汽油	480	350	310	290	280	250
苯	680	620	590	520	500	490
煤油	460	330	250	220	210	200

需要说明的是,在动态平衡时,增加压力,蒸气变成液体,因此蒸气压变化小,氧浓度增大。

2. 蒸气浓度

在热损失相同的情况下,混合物中可燃物浓度小的,自燃点高;若继续增加可燃物达到化学计量浓度(理论上完全燃烧时该物质在空气中的浓度)时,则自燃点最低;再继续加大可燃物的浓度,自燃点又开始升高。例如,硫化氢在着火下限浓度时的自燃点是 373 ℃,在化学计量浓度时是 246 ℃,在着火上限浓度时是 304 ℃。所以可燃物的自燃点,通常取用该物质在化学计量浓度时的自燃点,因为它是最低的数值。又如,甲烷在不同浓度时自燃点的变化见表5-24。

表 5-24　甲烷在不同浓度时自燃点的变化

甲烷的浓度/%	2.0	3.0	3.95	5.85	7.0	8.0	8.8	10.0
自燃点/℃	710	700	696	695	697	701	707	714

3. 氧含量

空气中氧含量的提高有利于化学反应发生,因此会使可燃液体的自燃点降低;反之,氧含量下降会使自燃点升高。某些常见可燃液体在空气和氧气中的自燃点比较见表5-25。

表 5-25　某些常见可燃液体在空气和氧气中的自燃点比较

可燃物	自燃点/℃		可燃物	自燃点/℃	
	空气中	氧气中		空气中	氧气中
丙酮	561	485	煤油	470	462
汽油	685	311	轻柴油	193	182
二氧化碳	120	107			

4. 催化剂

活性催化剂能降低自燃点,如铁、钒、钴、镍等的氧化物能加速氧化反应而降低可燃液体的自燃点;钝性催化剂如油品抗震剂四乙基铅能提高可燃液体的自燃点。

5. 容器的材质和直径

容器材料的性质不同,其导热性能不一样,对同一种可燃液体自燃点的影响也不同。容器的材质对可燃液体自燃点的影响见表5-26。

表 5-26　容器的材质对可燃液体自燃点的影响

液体名称	自燃点/℃			
	铁管中	石英管中	玻璃烧瓶中	钢杯中
苯	753	723	580	649
甲醇	740	565	475	474
乙醇	724	641	421	391
乙醚	533	549	188	198
丙酮	561	—	633	649

容器的直径对自燃点也有影响,直径越小,自燃点越高;直径小到一定数值时,气体混合物便不能自燃,阻火器就是根据这一原理而制作的。例如,二硫化碳在不同直径容器中的自燃点变化见表5-27。

表 5-27　二硫化碳在不同直径容器中的自燃点变化

容器直径/cm	自燃点/℃
0.5	271
1.0	238
2.5	202

📖 **思考题**

1. 请简述同类液体中,其自燃点的变化规律是如何的?

2. 简述自燃点的外界影响因素。

第六章　可燃固体的燃烧

固体是火场中最常见的可燃物,其燃烧过程与固体本身的理化特性有直接关系,不同固体物质的燃烧形式各有不同。本章将就火场中典型的固体物质木材、高聚物、聚氨酯保温材料和金属的燃烧展开学习讨论。

第一节　固体的特性

📖 **学习目标**

　　1. 了解固体物质的分类及特性。

　　2. 了解固体物质的形态变化现象。

📖 **能力目标**

　　1. 能够判断固体的分类。

　　2. 能够总结固体物质的形态变化规律。

固态是物质"三态"之一,所谓固体是指以固态形式存在的物质。如在常温下,铝、钢铁、岩石、木材、玻璃、棉、麻、化纤、塑料等都是固体。固体的分类比较复杂,以结构来分,固体可分为晶体和非晶体两大类;从熔点高低来分,通常把熔点不低于300 ℃的固体称为高熔点固体(如焦炭、金属铁、铝等),而把熔点低于300 ℃的固体称为低熔点固体(如白磷、硫黄、钠、钾等);另外,从组成来看,有的固体是纯净物,如硫黄、钠、铁等;有的固体则是混合物,如煤炭、木材、纸张、棉涤混纺织物等。研究表明,一方面从固体物质本身进行比较,不同类别的固体,其燃烧过程具有许多不同特征;另一方面,相对于气体、液体物质而言,固体物质具有一些重要的燃烧特性。

1. 稳定的物理形态

固体物质的组成粒子(分子、原子、离子等)间通常结合得比较紧密,因此固体物质都具有一定的刚性和硬度,而且还有一定的几何形状。

2. 受热软化、熔化或分解

固态条件下,固体物质的组成粒子间具有较强的相互作用力,粒子只能在一定的位置上产生振动,而不能移动,因此固体不会像气体或液体那样能自由扩散或流动。但是,大多数固体物质受热后体积会膨胀。同时,在加热作用下,固体组成粒子的动能会增加,使得粒子振动的幅度加大,固体的刚性和硬度因此而降低,表现出软化的现象。如钢铁在 400 ℃时开始软化,约 700 ℃时失去支撑力,这正是大跨度钢骨架结构的建筑物在火灾中易倒塌的原因。

固体物质软化后,如果继续受到强热作用,固体就会熔化变成液体。在规定条件下固体熔化的最低温度,叫作该固体物质的熔点。如铁加热到其熔点 1 530 ℃以上就熔化成铁水。固体熔化是一个吸热过程,并规定单位质量的晶体物质在熔点时,从固态变成液态所吸收的热量,叫作这种物质的熔解热,如铁的熔解热为 $7.84×10^5$ kJ/kg。

对于组成复杂的固体物质,受热作用达到一定温度时,其组分还会发生从大分子裂解成小分子的变化。如木材、煤炭、化纤、塑料燃烧中产生的黑烟毒气,有一部分就是热分解的产物。应当注意的是,热分解是一种化学变化,这个过程也是一个吸热过程。

大多数固体可燃物在燃烧过程中都伴随着熔化或分解的变化,这些变化要吸收部分热量,因此,物质的熔解热或分解热越大,它的燃烧速率就会越慢;反之则快。

3.受热升华

部分物质因为具有较大的蒸气压,在热作用下它们的固态物质不经液态直接变成气态,表现出升华现象,如樟脑、碘、萘等都容易升华。升华是一个吸热过程,易升华的可燃性固体产生的蒸气与空气混合后具有爆炸危险。

📖 **思考题**

1.简述固体的分类及特性。

2.简述固体物质的形态变化的规律。

第二节　可燃固体的燃烧过程和燃烧形式

📖 **学习目标**

　　1.掌握可燃固体的燃烧过程。

　　2.掌握可燃固体的燃烧形式。

📖 **能力目标**

　　1.能够区分不同可燃固体的燃烧过程。

　　2.能够判断不同可燃固体的燃烧形式。

一、可燃固体的燃烧过程

相对于气体和液体物质的燃烧而言,固体的燃烧过程要复杂得多,而且不同类型固体的燃烧又有不同的过程。固体的燃烧可分为有焰燃烧(指气相燃烧,并伴有发光现象)和无焰燃烧(指物质处于固体状态而没有火焰的燃烧)。下面从简单到复杂的顺序分别进行讨论。

(一)高蒸气压可燃固体的燃烧过程

在所有固体的燃烧过程中,高蒸气压固体(即饱和蒸气压高于 $1.013\ 25\times10^5\ \text{Pa}$)的燃烧是最简单的。首先可燃性固体受热升华直接变成蒸气,然后蒸气与空气混合就可形成扩散有焰燃烧或预混动力燃烧(爆炸),如萘、樟脑等。其燃烧过程是:

$$\text{可燃固体}\xrightarrow{\text{升华}}\text{气体}\xrightarrow{\text{扩散、混合}}\text{有焰燃烧(或爆炸)}\xrightarrow{\text{连续氧化、燃烧}}\text{产物}$$

(二)高熔点纯净物可燃固体的燃烧过程

高熔点纯净物可燃固体的燃烧过程也比较简单,不需要经过物理相变或化学分解的过程,可燃物与空气在固体表面上直接接触并进行燃烧,如焦炭、木炭、铝、铁等的燃烧。其燃烧过程是:

$$\text{可燃固体}\xrightarrow{\text{空气扩散}}\text{空气与固体表面接触}\xrightarrow{\text{氧化}}\text{表面燃烧}\xrightarrow{\text{连续氧化、燃烧}}\text{产物}$$

(三)低熔点纯净物固体和低熔点混合物固体的燃烧过程

低熔点纯净物固体(如硫黄、白磷、钠、钾)和低熔点混合物固体(如石蜡、沥青)的燃烧过程同样也比较简单。首先可燃性固体经过熔化、气化两个相变过程,然后蒸气与空气混合燃烧。其燃烧过程是:

$$\text{可燃固体}\xrightarrow{\text{熔化}}\text{液体}\xrightarrow{\text{蒸发}}\text{气体}\xrightarrow{\text{扩散、混合}}\text{有焰燃烧}\xrightarrow{\text{连续氧化、燃烧}}\text{产物}$$

(四)高熔点混合物可燃性固体的燃烧过程

在所有类型的固体中,高熔点混合物可燃性固体其组成和结构最为复杂,它们可能包含上述类型特性的所有可燃物,比如煤炭中有碳、烷烃、烯烃、煤焦油等物质,松木中含有松香、纤维素、木质素等成分,因此这类固体物质的燃烧过程最为复杂。在燃烧过程中,它们一方面具有受热发生相变或热分解的倾向,另一方面它们的燃烧过程也是分阶段、分层次进行燃烧的:

第一步:受热可燃性固体在其表面逸出可燃气体进行有焰燃烧;

第二步:低熔点可燃性固体熔化、气化进行有焰燃烧;

第三步:高熔点的可燃物受热分解、碳化产生可燃气体进行有焰燃烧;

第四步:不能再分解的高熔点固体(一般是碳质)进行表面燃烧。

显然,固体材料的可燃组分及其含量决定着这类固体的燃烧性能,一般地,当固体中含有的易挥发、易分解的可燃成分越多,那么该固体的燃烧性能就越好;反之亦然。如油煤比褐煤易燃,松木较桦木燃速快。

二、可燃固体的燃烧形式

(一)蒸发燃烧

固体的蒸发燃烧是指可燃性固体受热升华或熔化后蒸发,产生的可燃气体与空气边混合边着火的有焰燃烧(也叫均相燃烧)。如硫黄、白磷、钾、钠、镁、松香、樟脑、石蜡等物质的燃烧都属于蒸发燃烧。

固体的蒸发燃烧是一个熔化、气化、扩散、燃烧的连续过程。蜡烛燃烧是典型的固体物质的蒸发燃烧形式。观察蜡烛燃烧会发现稳定的固体蒸发燃烧存在三个明显的物态区域，即固相区、液相区、气相区。在燃烧前受热固体只发生升华或熔化、蒸发等物理变化，而化学成分并未发生改变，进入气相区后，可燃蒸气扩散到空气中即开始边混合边燃烧并形成火焰，此时的燃烧特征与气体的燃烧完全一样，只是火焰的大小取决于固体熔化以及液体气化的速率，而熔化和气化的速率则取决于固体及液体从火焰区吸收的热量多少。事实上，燃烧过程中固相区的固体和液相区的液体总是可以从火焰区不断吸收热量，使得固体熔化及液体气化的速率加快，从而就能形成较大的火焰，直至燃尽为止。

(二)表面燃烧

表面燃烧是指固体在其表面上直接吸附氧气而发生的燃烧(也叫非均相燃烧或无焰燃烧)。在发生表面燃烧的过程中，固体物质受热时既不熔化或气化，也不发生分解，只是在其表面直接吸附氧气进行燃烧反应，所以表面燃烧不能生成火焰，而且燃烧速率也相对较慢。

在生产生活中，结构稳定、熔点较高的可燃性固体，如焦炭、木炭、铁等物质的燃烧就属于典型的表面燃烧实例。燃烧过程中它们不会熔融、升华或分解产生气体，固体表面呈高温炽热发光而无火焰的状态，空气中的氧不断扩散到固体高温表面被吸附，进而发生气固非均相反应，反应的产物带着热量从固体表面逸出。

(三)分解燃烧

固体受热分解产生可燃气体而后发生的有焰燃烧称为分解燃烧。能发生分解燃烧的固体可燃物，一般都具有复杂的组分或较大的分子结构。

煤、木材、纸张、棉、麻、农副产品等物质，它们都是成分复杂的高熔点固体有机物，受热不发生整体相变，而是分解析出可燃气体扩散到空气中发生有焰燃烧。当固体完全分解不再析出可燃气体后，留下的碳质固体残渣即开始进行无焰的表面燃烧。

塑料、橡胶、化纤等高聚物，它们是由许多重复的物质结构单元(链节)组成的大分子。绝大多数高分子材料都是易燃材料，而且受热条件下会软化熔融，产生熔滴，发生分子断裂，从大分子裂解成小分子，进而不断析出可燃烧气体(如 CO、H_2、CH_4、C_2H_6 等)扩散到空气中发生有焰燃烧，直至燃尽为止。

(四)阴燃

阴燃是指在氧气不足、温度较低或湿度较大的条件下，固体物质发生的只冒烟而无火焰的燃烧。固体物质阴燃是在燃烧条件不充分的情况下发生的缓慢燃烧，属于固体物质特有的燃烧形式，液体或气体物质不会发生阴燃。

研究表明，固体物质的阴燃包括干馏分解、碳(焦)化、氧化等过程。阴燃除要具备特定的燃烧条件外，同时阴燃的分解产物必须是一些刚性结构的多孔碳化物质，只有这样才能保证阴燃由外向内不断延燃；若材料阴燃的分解产物是流动的焦油状产物，就不能发生阴燃。现实中，成捆堆放的棉、麻、纸张及大量堆垛的煤、稻草、烟叶、布匹等都会发生阴燃。

在一定条件下，阴燃与有焰燃烧之间会发生相互转化。如在缺氧或湿度较大条件下发生的火灾,由于燃烧消耗氧气及水蒸气的蒸发耗能,使燃烧体系氧气浓度和温度均降低,燃烧速率减慢,固体分解出的气体量减少,火焰逐渐熄灭,此时有焰燃烧可能转为阴燃;阴燃中干馏分解产生的碳粒及含碳游离基、未燃气体降温形成的小液滴等不完全燃烧产物会形成烟雾。如果改变通风条件,增加供氧量,或可燃物中水分蒸发到一定的程度,也可能由阴燃转变为有火焰燃烧或爆燃;当阴燃完全穿透固体材料时,由于气体对流增强,会使空气流入量相对增大,阴燃则可转变为有焰燃烧。火场上的复燃现象以及固体阴燃引起的火灾等都是阴燃在一定条件下转化为有焰燃烧的例子。

总之,在固体的四种燃烧形式中,蒸发燃烧和分解燃烧都是有焰的均相燃烧,只是可燃气体的来源不同:蒸发燃烧的可燃气体是相变的产物,分解燃烧的可燃气体则来自固体的热分解;固体的表面燃烧和阴燃,都是发生在固体表面与空气的界面上,呈无焰的非均相燃烧,二者的区别在于:阴燃中固体有分解反应,而表面燃烧则没有。火场上,木材及木制品、纸张、棉、麻、化纤织物是常见的可燃性固体,四种燃烧形式往往同时伴随在火灾过程中:阴燃一般发生在火灾的初起阶段;蒸发燃烧和分解燃烧多发生于火灾的发展阶段和猛烈阶段;表面燃烧一般则发生在火灾的熄灭阶段。可见,有焰燃烧对火灾发展起着重要作用,这个阶段温度高、燃烧快,能促使火势猛烈发展。

📖 **思考题**

1. 简述不同类型可燃固体的燃烧过程。
2. 判断分解燃烧和表面燃烧的区别。

第三节　可燃固体的燃烧速率

📖 **学习目标**

1. 掌握固体燃烧速率的表示方法。
2. 掌握固体燃烧速率的主要影响因素。

📖 **能力目标**

1. 能够将固体燃烧速率的表示方法运用于实际的燃烧计算。
2. 能够结合固体燃烧速率的主要影响因素控制燃烧过程。

一、固体燃烧速率的表示方法

固体燃烧速率是指在一定条件下固体物质燃烧的快慢。它受多种因素影响,常用质量燃烧速率和直线燃烧速率来表示,可用实验方法进行测定,也可用公式进行计算。

（一）质量燃烧速率

固体的质量燃烧速率，是指一定条件下可燃性固体在单位时间和单位面积上烧掉的质量。用 G 表示，单位是 $kg/(m^2 \cdot h)$，其计算公式如下：

$$G = \frac{m_0 - m}{S \cdot t} \tag{6-1}$$

式中　m_0——燃烧前的固体质量，kg；

　　　m——燃烧后的固体质量，kg；

　　　t——燃烧时间，h 或 min；

　　　S——固体的燃烧面积，m^2 或 cm^2。

对于高聚物合成材料的质量燃烧速率，则可用下列公式估算：

$$G = \frac{0.7Q}{\Delta H} \tag{6-2}$$

式中　G——高聚物的质量燃烧速率，$g/(m^2 \cdot s)$；

　　　Q——火焰等供给固体的热量，$kJ/(m^2 \cdot s)$；

　　　ΔH——高聚物降解汽化热，kJ/g。

表 6-1 列举了一些可燃性固体的质量燃烧速率。这些数值是在一定条件下的"称量实验室"中测定的。试样分别为：木材是厚 2 cm 的木板和板条；天然橡胶是 10～30 kg 的块状；布质电胶木是厚 2～15 mm、长 1 cm 的板条；酚醛塑料是一些废品（仪器壳、收音机壳、电器附件等）；纸是报纸；棉花是生产废花。

表 6-1　某些固体物质的质量燃烧速率 G

物质名称	燃烧的平均速率 /$(kg \cdot m^{-2} \cdot h^{-1})$	物质名称	燃烧的平均速率 /$(kg \cdot m^{-2} \cdot h^{-1})$
木材（含水 14%）	50	棉花（含水 6%～8%）	8.5
天然橡胶	30	聚苯乙烯树脂	30
人造橡胶	24	纸张	24
布质电胶木	32	有机玻璃	41.5
酚醛塑料	10	人造短纤维（含水 6%）	21.6

（二）直线燃烧速率

固体的直线燃烧速率，是指一定条件下可燃性固体在单位时间内烧掉的厚度，用 v 表示，单位是 mm/min，可用以下近似公式计算。

1. 木材直线燃烧速率 v

$$v = A\left(\frac{T}{100} - 2.5\right)\sqrt{t} \tag{6-3}$$

式中　v——直线燃烧平均速率，mm/min；

　　　T——木材表面的加热温度，℃；

t——燃烧时间,min;

A——燃烧参数,杉木为 1.0;松木为 0.78。

2. 一般固体物质的直线燃烧速率 v

$$v = \frac{L}{t} \tag{6-4}$$

式中　v——直线燃烧平均速率,mm/min;

L——试样的燃烧厚度或长度,mm 或 cm;

t——试样被点燃后的燃烧时间,min。

二、固体燃烧速率的主要影响因素

1. 固体的理化性质与结构

固体的熔化、蒸发、分解、化合等理化特性是决定固体燃烧速率的内部原因。在相同外界条件下,固体物质的化学活性越强(易分解或易化合),那么它的燃烧速率越快,反之则越慢。如同为金属晶体,主族金属元素 K、Na 等在空气中发生较快速的蒸发燃烧,而副族元素 Fe、Cu 及其合金则在高温下也只能发生缓慢的表面燃烧;红磷与白磷晶体结构不同,白磷 35 ℃即可自燃且燃速很快,红磷则需加热到 260 ℃才发生自燃,燃速也小于白磷。从表 6-2 中列举的部分纤维试样的直线燃烧速率也可看出,同是纤维材料,但是它们的燃速也不一样,一般是:天然植物纤维>动物纤维;熔融人造纤维>非熔融人造纤维。

表 6-2　部分纤维的直线燃烧速率 v

物质名称	燃烧的平均速率/(cm·s^{-1})	物质名称	燃烧的平均速率/(cm·s^{-1})
棉	0.93	丝绸	1.09
麻	1.49	醋酸纤维	0.93
人造纤维(熔融)	1.56	聚乙烯醇纤维	0.22
羊毛	0.65	聚丙烯腈纤维	0.73

2. 氧指数(OI)

固体的燃烧速率与氧指数有关。氧指数(OI)又称临界氧浓度或极限氧浓度,它是指在规定条件下,试样在氧、氮混合气流中,维持平稳燃烧所需的最低氧气浓度,用氧所占的体积百分比来表示。表 6-3 列举了部分材料的氧指数。

表 6-3　部分材料的氧指数(OI)

材料名称	氧指数/%	材料名称	氧指数/%
聚乙烯	17.4~17.5	聚乙烯醇	22.5
聚丙烯	17.4	聚甲基丙烯酸甲酯(有机玻璃)	17.3
聚苯乙烯	18.1	环氧树脂(普通)	19.8
聚氯乙烯	45~49	环氧树脂(脂环)	19.8
聚氯乙烯(软质)	23~40	氯丁橡胶	26.3

续表

材料名称	氧指数/%	材料名称	氧指数/%
聚氟乙烯	22.6	乙丙橡胶	21.9
聚四氟乙烯	>95	硅橡胶	26～39
聚酰胺(线型)	22～23	聚乙烯醇	22.5
聚酰胺(芳香族)	26.7		

氧指数也是物质本身的固有特性之一,试样的 OI 值越大,说明该物质材料的燃烧性能越差,其燃烧速率就越慢;试样的 OI 值越小,说明该材料的燃烧性能越好,其燃烧速率就越快。因此,氧指数是评价固体材料燃烧性能的一个重要指标,通常以之为依据将固体材料进行分类:氧指数(OI)>50% 的为不燃材料;50%≥OI>27% 的为难燃材料;27%≥OI>20% 的为可燃材料;OI≤20% 的为易燃材料。氧指数(OI)可按下列公式来计算:

$$OI = \frac{[O_2]}{[O_2]+[N_2]} \times 100\% \tag{6-5}$$

式中　$[O_2]$——氧气流量,L/min;
　　　$[N_2]$——氮气流量,L/min。

试验证明,用水或其他阻燃剂处理过的材料,其氧指数会升高,因此燃烧速率会减慢。

3. 固体比表面积

比表面积即单位体积物质的总表面积。固体物质比表面积越大,燃烧速率越快。如大块木材、煤炭燃烧速率都很慢,而一旦成为刨花、薄片、小块状,比表面积增大,氧化作用越容易,燃烧速率也就越快;如果成粉尘状,比表面积更大,则能发生粉尘爆炸的危险;市场商铺中的大量衣物织品展开悬挂叫卖,也增大了可燃物的比表面积,一旦失火,火势即可迅速蔓延。

4. 水分及不燃介质含量

固体中或表面的水分、泥土等介质可看成是阻燃剂,它们的含量越多,固体的氧指数越大,其燃速越慢;反之亦然。例如干木材较湿木材易燃;含煤矸石多的煤炭比含煤矸石少的煤炭燃得慢等。

5. 固体物质的密度和热容

燃烧速率与固体密度的平方成反比,因此固体的密度越大,燃烧速率越小;而热容大,导热性差的物质,燃烧速率也小。例如在相同实验条件下,让密度分别为 0.35 t/m³、0.45 t/m³、0.62 t/m³ 的木材燃烧 3 min 时,测得试样的质量损失率分别是 40%、30%、20%;而 4 min 时,测得它们的质量损失率分别是 60%、40%、30%。

6. 火灾负荷

火灾负荷是指单位火场面积上的可燃物数量。火灾负荷大,则火场放热速率高,从而使燃烧速率加快。以木材为例,实验测得火灾负荷为 25 kg/m² 时,其平均燃烧速率为 50 kg/(m²·h);而火灾负荷增加到 50 kg/(m²·h) 时,其平均燃烧速率为 52 kg/(m²·h)。

7. 燃烧方向

固体可以在任何方向的表面上燃烧,这一点与液体不同。从蒸气与氧气的混合及产物的扩散分析,固体呈垂直燃烧时速率最快。因为燃烧的火焰和产物向上方扩散,使其未燃部分预热升温,促使蒸发、分解,燃烧速率加快。固体的燃速一般是:垂直向上方向>水平方向>垂直向下方向。

8. 空气流速(风)

固体物质发生燃烧过程中,外界的空气流会大大增加可燃材料表面氧气的供给。风可使火焰倾斜,增强了向前部分未燃材料表面的传热速率,所以,在一定风力范围内,风速越大,固体的燃烧速率就越快。随着风力的加强,固体燃烧速率将按指数关系增加,但当风速增加到某一临界值时,固体表面热损失远大于加速燃烧的放热量,致使降温至固体燃点以下,而使火焰熄灭,燃烧停止。

9. 阻燃剂

可燃性固体用阻燃剂处理后,其氧指数会升高,燃烧性能明显减弱,可使易燃材料变成难燃材料或不燃材料;有的仅碳化而不着火、不冒烟;有的虽碳化、着火或发烟,而一旦离开火源,则可自动熄灭,难以延烧,致使燃烧速率降低。

📖 思考题

1. 试阐述固体燃烧速率的表示方法。

2. 固体燃烧速率的主要影响因素有哪些?

第四节　典型可燃固体物质的燃烧

📖 学习目标

1. 了解植物与木材的燃烧现象。

2. 了解高聚物的燃烧现象。

3. 了解金属的燃烧现象。

📖 能力目标

1. 能够预防植物的自燃。

2. 能够控制木材、高聚物、金属的燃烧。

一、植物自燃

(一)能发生自燃的植物产品

实验证明,大多数植物的茎、叶,诸如稻草、麦草、麦芽、锯末、树叶、籽棉、甘蔗渣以及粮食等,由于本身表面上附着大量微生物,当大量堆积时就会发热导致自燃。

(二)植物自燃的原因

植物的自燃,是微生物作用、物理作用和化学作用所致,它们是彼此相连的三个阶段。

1.微生物作用

由于植物体中含水分,并且在适宜的温度下,受微生物的作用,使植物体腐败发酵而放热。若热量散发不出去,使温度上升到 70 ℃ 左右时,微生物就会死亡,微生物死亡,生物阶段告终。

2.物理作用

温度到 70 ℃ 时,植物中不稳定的化合物(果酸、蛋白质及其他物质)开始分解,生成黄色多孔炭,吸附蒸气和氧气并析出热,继续升温到 100 ~ 130 ℃,这时可引起新的化合物不断分解炭化,促使温度不断升高。

3.化学作用

当温度升到 150 ~ 200 ℃,植物中的纤维素就开始分解,并进入氧化过程,生成的炭能够剧烈地氧化放热,温度继续升高到 250 ~ 300 ℃ 时,若积热不散就会着火。

(三)植物自燃的条件

1.一定的湿度

水分是微生物生存和繁殖的重要条件,植物发生自燃首先必须具有微生物生存的湿度。实践表明,干燥和过湿的植物产品,通常不能自燃。

2.良好的蓄热条件

堆垛在一起,热量散发不掉而不断积累使温度逐渐升高以致达到自燃点。

(四)预防植物自燃的基本措施

1.控制湿度

植物在堆垛前必须认真检查含水量。如果在危险湿度(稻草 20%、籽棉 12%),必须晾干后才能堆垛;或先堆成小堆,经干燥后堆成标准垛。

2.控制堆垛

一般应控制堆垛的大小,且在每个堆垛的垂直方向和横向都设通风孔,堆垛之间要保持一定间距,以利于散发垛内热量和平时的安全检查。

3.防雨防潮

雨雪天不能进行堆垛作业,垛顶要封好。如果发现渗漏,要及时采取措施。

4.加强检测

对植物堆垛,要设专人检测温度和湿度。发现冒气、塌陷、有异味及温度达到 40 ~ 50 ℃ 时,应重点监视;温度在 60 ℃ 以上时,必须立即倒垛散热,倒垛时要采取防护措施,防止垛内自燃或引起飞火蔓延。

根据实验,稻草、籽棉的自燃与湿度、温度和堆高的关系,如表6-4所示。

表6-4 稻草、籽棉发生自燃的危险参数

植物名称	危险湿度/%	危险温度/℃	炭化点/℃	自燃点/℃	堆高限度/m
稻草	20	70	204	338	10
籽棉	12	38	205	407	5

二、木材的燃烧

木材及木质制品(如胶合板、木屑板、粗纸板、纸卡片等)是建筑装饰中最常用的一种材料。它广泛用于框架、板壁、屋顶、地板、室内装饰及家具等方面。在火灾发生时常涉及木材,所以研究这种多用途的物质在火灾中的反应显得十分很重要。

(一)木材的化学组成

木材一般分为两大类,即针叶木(又称"软木")和阔叶木(又称"硬木")。针叶木有云杉、冷杉、铁杉、落叶松、松木、柏木等。阔叶木有杨木、枫木、桉木、榉木等。木材的种类、产地不同,木材的组成也不同,但主要由碳、氢、氧构成,还有少量氮和其他元素,且通常不含有硫元素。表6-5中列举了部分干木材的化学成分。木材是典型的混合物,主要由纤维素〔$(C_6H_{10}O_5)_x$〕(含量为39.97%~57.84%)、木质素(含量为18.24%~26.17%)组成,另外还含有少量的缩糖、蛋白质、脂肪、树脂、无机质(灰分)等成分。

表6-5 部分干木材的元素质量百分含量/%

种类	碳	氢	氧	氮	灰分
橡树	50.16	6.02	43.26	0.09	0.37
桉木	49.18	6.27	43.19	0.07	0.57
榆木	48.99	6.20	44.25	0.06	0.50
山毛榉	49.6	6.11	44.17	0.09	0.57
桦木	48.88	6.06	44.67	0.10	0.29
松木	50.31	6.20	43.08	0.04	0.37
白杨	49.37	6.21	41.60	0.95	1.86
枞木	52.30	6.30	40.50	0.10	0.80

(二)木材的燃烧过程

木材属于高熔点类混合物,在干燥、高温、富氧条件下,木材燃烧一般包含分解燃烧和表面燃烧两种燃烧类型;在高湿、低温、贫氧条件下,木材还能发生阴燃。木材燃烧过程大体分为干燥准备、有焰燃烧和无焰燃烧三个阶段。

(1)干燥准备阶段:在热作用下木材中的水分蒸发,达约105℃时,木材呈干燥状态;温度达到150~200℃时,木材开始弱分解,产生水蒸气(分解物)、二氧化碳、甲酸、乙酸等气体,为燃烧作好准备。

（2）有焰燃烧阶段：温度在 $200 \sim 250$ ℃时，木材开始碳（焦）化，产生少量水蒸气及一氧化碳、氢气、甲烷等气体，伴有闪燃现象；当温度达 $250 \sim 280$ ℃时，木材开始剧烈分解，产生大量的一氧化碳、氢气、甲烷等气体，并进行稳定的有焰燃烧，直到木材的有机质组分分解完为止，有焰燃烧才结束。

（3）无焰燃烧阶段：当木材析出的可燃气体很少时，有焰燃烧逐渐减弱，氧气开始扩散到碳质表面进行燃烧；当两种形式燃烧同时进行一段时期，且不能再析出可燃气体后，则完全转变成碳的无焰燃烧，直至熄灭。

（三）木材的燃烧特点

1. 燃烧过程复杂

从上面的分析可看出，木材及木制品的燃烧包括有焰燃烧、表面燃烧或阴燃等类型，燃烧的方式可以是闪燃、自燃、着火等形式，而且燃烧过程中伴随着干燥、蒸发、分解、碳化等物质变化，因此，木材的燃烧过程是比较复杂的。

2. 燃烧性能比较稳定

从燃烧过程来看，在燃烧过程中木材没有软化、熔融现象，同时由于木材导热速率较小，并且总是以由表及里的方式进行燃烧，所以粗大的木材（如承重梁）燃烧一段时间后，仍具有支撑能力。

从燃烧产物的成分来看，木材的完全燃烧产物主要是二氧化碳和水两种物质。

从燃烧参数来看，木材的燃点一般为 $250 \sim 275$ ℃，自燃点为 $410 \sim 440$ ℃。木材的平均热值约为 20 000 kJ/kg。表6-6列举了部分木材的燃点和自燃点。表6-7列举了一些木材、木制品和某些比较物的热值。

表6-6　部分木材的燃点和自燃点/℃

木材种类	燃点	自燃点
榉木	264	424
红松	263	430
白桦	263	438
针枞	262	437
杉	240	421
落叶松	271	416

表6-7　木材、木制品和某些比较物的热值/（kJ·kg⁻¹）

物质名称	热值/（kJ·kg⁻¹）	物质名称	热值/（kJ·kg⁻¹）
栎木锯末	19 755	包装纸	16 529
松木锯末	22 506	石油焦	36 751
碎木片	19 185	沥青	36 910
松树树皮	51 376	棉籽油	39 775
纸箱	13 866	石蜡	41 031
白报纸	18 866		

三、高聚物燃烧

高聚物也叫聚合物,是指由单体合成得到的高分子化合物。一般是指合成纤维、合成橡胶和塑料,即"三大合成材料"。

(一)高聚物的化学组成

高聚物是以烯烃、炔烃、醇、醛、羧酸及其衍生物,以及 HCl、HBr、NH_3、H_2S、S 等为基础原料进行化学反应而合成的,因此,它们主要由碳、氢、氧元素构成,同时还含有 Cl、Br、N、S 等元素。现代生产生活中,三大合成材料具有广泛的用途,在许多方面已成为天然材料的替代品,而且与使用天然材料不同,合成材料的制品几乎都是纯净物(有的含少量添加剂),例如聚氯乙烯、尼龙、聚丙烯腈(人造羊毛)、氯丁橡胶等。

(二)高聚物的燃烧过程

大多数高聚物都具有燃烧性,但一般不发生蒸发燃烧和表面燃烧,而只会分解燃烧。在热作用下,高聚物一般经过熔融、分解和着火三个阶段进行燃烧。

1. 熔融阶段

高聚物具有很好的绝缘性,很高的强度、良好的耐腐蚀性。但是高聚物的耐热性差,容易受热软化、熔融,变成黏稠状熔滴。表 6-8 列举了部分高聚物的软化、熔融、分解温度。

表 6-8　部分高聚物的燃烧特性

高聚物	软化温度/℃	熔融温度/℃	分解温度/℃	分解产物	燃烧产物
聚乙烯	123	220	335～450	H_2、CH_4、C_2H_4	CO、CO_2、C
聚丙烯	157	214	328～410	H_2、CH_4、C_3H_6	CO、CO_2、C
聚氯乙烯	219	—	200～300	H_2、C_2H_4、HCl	CO、CO_2、HCl
ABS	202	313	—	—	—
醋酸纤维	200	260	—	CO、CH_3OH	CO、CO_2、C
尼龙-6	180	215～220	310～380	己内酰胺、NH_3	CO、CO_2、N_2O_x、HCN
涤纶	235～240	255～260	283～306	C、CO、NH_3	CO、CO_2、N_2O_x、HCN
腈纶	190～240	—	250～280	C、CO、NH_3	CO、CO_2、N_2O_x、HCN
维纶	220～230	—	250	C、CO、NH_3	CO、CO_2、N_2O_x、HCN

2. 分解阶段

温度继续升高,高聚物熔滴开始变成蒸气,继而气态高聚物分子开始断键,从高分子裂解成小分子,产生烷烃、烯烃、氢气、一氧化碳等可燃气体,同时冒出黑色碳粒浓烟。塑料、合成纤维的分解温度一般为 200～400 ℃;合成橡胶的分解温度为 400～800 ℃。

3. 着火阶段

高聚物着火其实是热分解产生的可燃气体着火。火场上可能出现以下几种情况:

(1)热分解产生的可燃气体数量较少,遇明火产生一闪即灭的现象,即发生闪燃;

(2)可燃气体和氧气浓度都达到燃烧条件,遇明火立即发生持续稳定的有焰燃烧。

（3）虽然有较多的可燃气体，却因缺氧（如在封闭房间内），所以燃烧暂时不能进行，但是一旦流入新鲜空气（如开启门窗），则有可能立即发生爆燃，使火势迅速扩大。

以上分析可看出，由于高聚物一般不溶于水，且是靠高温分解进行燃烧，所以同扑救木材、棉、麻、纸张等天然物品的火灾一样，水也是扑救高聚物火灾的最好灭火剂。

（三）高聚物的燃烧特点

1.发热量大

大多数合成高聚物材料的燃烧热都比较高，如软质聚乙烯的热值为 46 610 kJ/kg，比煤炭、木材的热值分别高出 1 倍和 2 倍还多。发热量大，使得高聚的燃烧温度（火焰温度）升高，可达 2 000 ℃，从而加剧了燃烧，如表 6-9 所示。

2.燃速快

高聚物因为发热量大，使得燃烧温度高，火场热辐射强度增大，传给未燃材料的热量也增多，因而加快了材料软化、熔融、分解的速率，所以其燃烧速率也随之加快，如表 6-10 所示。

表 6-9　高聚物材料的燃烧热及火焰温度

材料名称	燃烧热/（kJ/kg）	火焰温度/℃	材料名称	燃烧热/（kJ/kg）	火焰温度/℃
软质聚乙烯	46 610	2 120	赛璐珞	17 300	—
硬质聚乙烯	45 880	2 120	缩醛树脂	16 930	—
聚丙烯	43 960	2 120	氯丁橡胶	23 430～32 640	—
聚苯乙烯	40 180	2 210	香烟	—	500～800
ABS	35 250	—	火柴	—	800～900
聚酰胺（尼龙）	30 840	—	煤（一般）	23 010	—
有机玻璃	26 210	2 070	木材	14 640	—

表 6-10　高聚物的燃烧速率

材料名称	燃烧速率/（mm·min⁻¹）	材料名称	燃烧速率/（mm·min⁻¹）
聚乙烯	7.6～30.5	硝酸纤维	迅速燃烧
聚丙烯	17.8～40.6	醋酸纤维	12.7～50.8
聚苯乙烯	27.9	聚氯乙烯	自熄
有机玻璃	15.2～40.6	尼龙	自熄
缩醛	12.7～27.9	聚四氟乙烯	不燃

3.发烟量大

高聚物中含碳量都很高，如聚苯乙烯的 C%＝99.84%。因此，在燃烧时很难燃烧完全，大部分碳都以黑烟的形式释放到空气中。据对比实验分析，高聚物燃烧的发烟量通常是木材、棉、麻等天然材料的 2～3 倍，一般起火后在不到 15 s 就产生烟雾，不到 1 min 就会让视线模糊起来。火场上浓密的烟雾加大了受困人员逃生及救援人员施救的难度。

4. 有熔滴

在燃烧过程中许多聚合物都会软化熔融,产生高温熔滴。高温熔滴产生后会带着火焰滴落、流淌,一方面扩大了燃烧面积,另一方面对火场人员构成了巨大威胁。如聚乙烯、聚丙烯、有机玻璃、尼龙等。

5. 产物毒性大

实际上,在所有重大火灾中,造成人员伤亡的主要原因是吸入了高温有毒的气体燃烧产物(其毒性大小一般用半数致死量 LD_{50} 来确定)。实验证明,可燃物的化学组成和燃烧温度是决定燃烧产物毒性大小的两个重要因素。一般说来,对于同一可燃烧物而言,燃烧温度较低的燃烧产物其毒性比燃烧温度高的燃烧产物的毒性大(如在 400 ℃、600 ℃时木材燃烧产物的 LD_{50} 分别为 14 mg/L 和 55 mg/L);而在同一燃烧温度下,高聚物的燃烧产物的毒性比天然材料燃烧产物的毒性大,这是因为,高聚物燃烧会迅速产生大量的 CO、CO_2、N_2O_x、HCN、$COCl_2$(光气)等有害气体所致。例如,在燃烧温度为 600 ℃时,木材、聚氯乙烯、腈纶毛线的 LD_{50} 分别是 55 mg/L、21.6 mg/L、3.22 mg/L。可见,高聚物燃烧产物的毒性十分强烈,火场上,加强防排烟措施就显得十分重要。

(四)典型高聚物燃烧

1. 塑料燃烧

塑料都是人工合成材料,大自然中没有。塑料有软性塑料和硬性塑料两种。常见软性塑料有聚乙烯(PE),硬性塑料有聚氯乙烯(PV)、聚丙烯(PP)、聚苯乙烯树脂(PS)等。塑料透水性差、抗酸碱腐蚀性能强、具有很好的韧性,但受热时有很好的可塑性,在生产生活中用途十分广泛,主要用于包装、建材、地膜、日用品、机械制造等领域。

研究表明,塑料主要以分解形式进行燃烧,燃烧产物中主要有 CO、CH_4、C_2H_4、C_2H_2、CO_2、H_2O、HCl 等,并伴有大量黑烟。塑料燃烧还可产生致癌物质"二噁英",人体吸入危害性很大。相比较而言,软性塑料的燃烧性能较好,其燃点较低、燃速较快、发烟量较大,且燃烧过程中有熔滴;硬性塑料的燃烧性能较差,其燃点较高、燃速较慢、发烟量较小,燃烧过程中没有熔滴。

2. 合成纤维燃烧

合成纤维是一类用小分子有机化合物为原料合成制得的化学纤维。如聚丙烯腈、聚酯、聚酰胺等。与天然纤维相比,合成纤维的原料是由人工合成方法制得的,生产不受自燃条件的限制。合成纤维是一类具有可溶(或可熔)性的线型聚合物,具有强度高、质轻、易洗快干、弹性好、不怕霉蛀等性能。经纺丝成形、加工处理后,合成纤维可用来生产衣物、地毯、被装等纺织用品。

合成纤维着火主要还是以分解形式进行燃烧。合成纤维中主要含有 C、H、O、N 四种元素,其燃烧产生物主要有 CO、CH_4、CO_2、H_2O、HCN、NO 等,并伴有黑烟。与天然纤维燃烧相比,合成纤维的燃点较低、燃速较快、发热量和发烟量较大,燃烧中有卷曲或有熔滴,没有动物毛发烧焦的气味产生,燃烧产物的毒性更大。

3. 合成橡胶燃烧

橡胶有天然橡胶和合成橡胶两种。从橡胶树生产出的橡胶叫天然橡胶;用化学方法合成制得的橡胶叫合成橡胶。合成橡胶是人工合成的高弹性聚合物,也称合成弹性体,产量仅低于合成树脂(或塑料)、合成纤维。合成橡胶一般在性能上不如天然橡胶全面,但它具有高弹性、绝缘性、气密性、耐油、耐高温或低温等性能,因而广泛应用于工农业、国防、交通及日常生活中。合成橡胶在20世纪初开始生产,从40年代起得到了迅速的发展。常用的合成橡胶有顺丁橡胶、异戊橡胶、丁苯橡胶、丁腈橡胶、氯丁橡胶等。

同样,合成橡胶着火主要还是以分解形式进行燃烧。合成橡胶中主要含有 C、H、O、S、N、Cl 等多种元素,其燃烧产生物主要有 CO、CH_4、CO_2、H_2O、SO_2、HCN、NO、HCl 等,并伴有黑烟。与天然橡胶燃烧相比,合成橡胶的燃点较低、燃速较快、发热量和发烟量较大,燃烧有熔滴,燃烧产物的毒性更大。

4. 保温材料燃烧

聚氨酯是聚氨基甲酸酯的简称,主要含有 C、H、O 和 N 四种元素,是一类主链含聚氨甲酸基(—NHCOO—)重复结构单元的高分子聚合物。聚氨酯材料主要由异氰酸酯(单体)与羟基化合物聚合而成,英文缩写为 PU。聚氨酯是20世纪60年代从德国发展起来的新兴有机高分子材料,被誉为继聚乙烯、聚丙烯、聚氯乙烯、聚苯乙烯之后的"第五大塑料"。此材料具有橡胶、塑料的双重优点,尤其是在隔热、隔音、耐磨、耐油、弹性、挠曲性等方面有其他合成材料无法比拟的优势,所以广泛应用于化工、轻工、纺织、建筑、家电、交通运输、航天等领域。如生活中常见的人造革、人造丝、地板胶、氨纶纺织品、海绵、保温泡沫板等都是聚氨酯类物质。

聚氨酯物质燃烧时同样具有发热高、发烟量大、产物毒性强等一般通性。但是,实验表明不同种类的聚氨酯其燃烧性能是不一样的。如最常见的聚氨酯泡沫,有软泡、硬泡、半硬泡之分,它们的燃点、燃烧速率等性能指标都不尽相同,即使是同一类聚氨酯泡沫,根据配方不同,其燃烧性能也有很大区别。依据 GB 8624—2012 标准,按燃烧性能分类,聚氨酯材料可分为 B_1 难燃、B_2 可燃、B_3 易燃三种类型,因此并不是所有聚氨酯材料都是易燃品。另外,聚氨酯本身无毒,但其燃烧产物中因为含有大量的一氧化碳和氰化氢毒气,所以火灾中会对人员造成很大危害。如表 6-11 所示,列举了聚苯乙烯挤塑板、橡胶海绵、聚氨酯泡沫三种材料的燃烧性能参数。从表中看出聚氨酯泡沫的发热量、发烟量、燃烧产物毒性都较大,氧指数较低,所以火灾危险、危害性较严重。

表 6-11 聚苯乙烯挤塑板、橡胶海绵、聚氨酯泡沫燃烧性能参数

参数	聚苯乙烯挤塑板	橡胶海绵	聚氨酯泡沫
氧指数	26.4	33.8	22.6
热值/$(mJ \cdot kg^{-1})$	3.91	1.66	2.62
烟气中 CO 峰值浓度/%	0.023	0.063	0.081
烟气中 CO_2 峰值浓度/%	0.32	0.24	0.76
烟气释放速率峰值/$(m^2 \cdot s^{-1})$	0.27	2.71	0.79
放热速率峰值/kW	20.3	14.2	54.3
放热总量/kJ	7.92	1.68	9.27

注:实验方法为单体燃烧实验法(SBI),试样尺寸为:1.0 m×1.5 m×0.04 m。

随着建筑节能和环保要求的不断提高,欧洲各国外墙外保温体系在 20 世纪七八十年代得到了迅速发展,其中以聚苯乙烯保温层基料,并作薄抹灰罩面处理的技术较为普遍。为了规范外墙保温技术,1988 年 6 月,《墙体外保温体系评估指南》欧洲标准侧重于聚苯乙烯保温材料抹灰施工系统的规范管理。之后经过 10 多年时间的实践和完善,《带抹灰层的墙体外保温复合体系指南》涉及的范围涵盖了各种不同的保温材料,包括聚苯乙烯、聚氨酯、岩棉、玻璃棉等材料。

近年来,我国正在逐步完善建筑节能标准并大力推广。例如,原建设部在 2005 年成立了"聚氨酯建筑节能应用推广工作组";我国颁布的《节能中长期专项规划》中也要求,新建建筑要严格执行节能标准,并对现有建筑逐步施行节能改造等。资料显示,目前我国聚氨酯在建筑保温材料的市场份额约为 10%,但自 1998 年以来,我国聚氨酯工业的发展势头十分强劲,年均增长率高达 30% 以上。

按照《建筑内部装修设计防火规范》(GB 50222—2017)要求,用于歌舞娱乐游艺场所顶棚装饰材料燃烧性能必须达到不燃 A 级标准。2008 年发生在深圳舞王歌厅的"9·20 大火"(亡 44 人),以及 2009 年发生在福建长乐市(现长乐区)拉丁酒吧的"2·1 火灾"(亡 15 人),事后调查发现,这些场所都使用了不合格的聚氨酯泡沫材料进行装修,因此造成了大量人员伤亡,教训十分深刻。因此,在实际消防监督工作中,若遇到聚氨酯类装修保温材料时,应根据国家标准,严格进行执法监督,以消除安全隐患。

四、金属的燃烧

(一)金属的组成

在元素周期表中有 85 种金属元素,除汞是液体之外,常温常压下的所有金属都是固体。金属由金属键构成,金属里具有自由电子,因而表现出良好的导电性、导热性,同时金属的熔点都比较高,通常具有一定的刚韧性。现实生活中,金属一般是以单质或合金两种形式加以运用。在空气中性质稳定的金属(如铁、铜、铝等)通常被加工制造成各种形状的设备和零件,有时则被制成金属粉屑,如金粉(铜粉)、铝粉(银粉)等;而性质活泼的金属则要特殊保存,如 K、Na 一般保存在煤油中。

(二)金属的燃烧过程

金属的燃烧类型主要有两种,即蒸发燃烧和表面燃烧。

1. 金属的蒸发燃烧

低熔点活泼金属如钠、钾、镁、钙等,容易受热熔化变成液体,继而蒸发成气体扩散到空气中,遇到火源即发生有焰燃烧,这种燃烧现象称为金属的蒸发燃烧。发生蒸发燃烧的金属通常被称为挥发金属。实验证明,挥发金属沸点比它的氧化物熔点要低(钾除外),如表 6-12 所示。所以在燃烧过程中,金属固体总是先于氧化物被蒸发成气体,扩散到空气中燃烧,而氧化物则覆盖在金属的表面上;只有当燃烧温度达到氧化物的熔点时,固体表面的氧化物也变成了蒸气扩散到气相燃烧区,在与空气的界面处因降温凝聚成固体微粒,从而形成白色烟雾。因此,生成大量氧化物白烟是金属蒸发燃烧的最明显特征。

表6-12　挥发金属及其氧化物的性质

金属	熔点/℃	沸点/℃	燃点/℃	氧化物	熔点/℃	沸点/℃
Li	179	1 370	190	Li_2O	1 610	2 500
Na	98	883	114	Na_2O	920	1 277
K	64	760	69	K_2O	527	1 477
Mg	651	1 107	623	MgO	2 800	3 600
Ca	851	1 484	550	CaO	2 585	3 527

金属的蒸发燃烧过程是:金属固体→金属液体→金属蒸气→与空气混合→均相有焰燃烧→金属氧化物白烟。

2. 金属的表面燃烧

像铝、铁、钛等高熔点金属通常被称为非挥发金属。非挥发金属的沸点比它的氧化物的熔点要高,如表6-13所示。所以在燃烧过程中,金属氧化物总是先于金属固体熔化变成气体,使金属表面裸露与空气接触,发生非均相的无火焰燃烧。金属氧化物的熔化消耗了一部分热量,减缓了金属的氧化燃烧速率,固体表面呈炽热发光现象,如氧焊、电焊、切割火花等。非挥发金属的粉尘悬浮在空气中可能发生爆炸,且无烟生成。

金属的表面燃烧过程是:金属固体→炽热表面与空气接触→非均相无火焰燃烧

表6-13　非挥发金属及其氧化物的性质

金属	熔点/℃	沸点/℃	燃点/℃	氧化物	熔点/℃	沸点/℃
Al	660	2 500	1 000	Al_2O_3	2 050	3 527
Si	1 412	3 390	—	SiO_2	1 610	2 727
Ti	1 677	3 277	300	TiO_2	1 855	4 227
Zr	1 852	3 447	500	ZrO_2	2 687	4 927

(三)金属的燃烧特点

实验表明,85种金属元素几乎都会在空气中燃烧。金属的燃烧性能不尽相同,有些金属在空气或潮气中能迅速氧化,甚至自燃;有些金属只是缓慢氧化而不能自行着火;某些金属,特别是ⅠA族的锂、钠、钾,ⅡA族的镁、钙,ⅢA族的铝,还有锌、铁、钛、锆、铀、钍在片状、粒状和熔化条件下容易着火,属于可燃金属,但大块状的这类金属点燃比较困难。低熔点固体的燃烧一般以蒸发燃烧形式进行;高熔点固体的燃烧通常则是表面燃烧。

有些金属如铝和钢,通常不认为是可燃物,但在细粉状态时可以点燃和燃烧。金属镁、铝、锌或它们的合金的粉尘悬浮在空气中还可能发生爆炸。

还有些金属如铀、钍、钛,它们既会燃烧,又具有放射性。在实际运用上,放射性既不影响金属火灾,也不受金属火灾性质的影响,使消防复杂化,而且造成污染问题。在防火中还需要重视某些金属的毒性,如汞。

金属的热值较大,所以燃烧温度比其他材料的要高(如Mg的热值为 6.1×10^5 kJ/kg,燃烧温度可高达 3 000 ℃以上）。大多数金属燃烧时遇到水会产生氢气引发爆炸；还有些金属（如钠、镁、钙等）性质极为活泼，甚至在氮气、二氧化碳中仍能继续燃烧，从而增大了金属火灾的扑救难度，需要用特殊灭火剂如三氟化硼、7150 等进行施救。

📖 思考题

1. 简述高聚物燃烧的过程。

2. 简述木材燃烧的特点。

第七章 爆 炸

第一节 爆炸的概念及分类

📖 **学习目标**

  1. 了解爆炸的概念。

  2. 了解爆炸的分类。

📖 **能力目标**

  能够判断爆炸的分类。

一、爆炸的概念

爆炸是指由于物质急剧氧化或分解反应产生温度、压力增加或两者同时增加的现象。具有爆炸过程高速进行;爆炸点附近压力急剧升高,多数爆炸伴有温度升高;发出声响;周围介质发生震动或邻近物质遭到破坏等特征。

二、爆炸的分类

(一)按爆炸的原因和性质分类

按爆炸的原因和性质,可将爆炸分为核爆炸、物理爆炸和化学爆炸三类。

1. 核爆炸

核爆炸是某些物质的原子核发生裂变反应(如 U235 的裂变)或聚变(如氕、氘、锂的聚变)反应时,瞬间释放出巨大能量而发生的爆炸,如原子弹、氢弹、中子弹的爆炸。

2. 物理爆炸

物理爆炸是一种纯物理过程,只发生物态变化,不发生化学反应。这类爆炸是因容器内的气相或液相压力升高超过容器所能承受的压力,造成容器破裂所致,如蒸汽锅炉爆炸、轮胎爆炸、液化石油气钢瓶爆炸等。

3. 化学爆炸

化学爆炸是物质发生高速放热化学反应(主要是氧化反应及分解反应),产生大量气体,并急剧膨胀做功而形成的爆炸现象,如炸药的爆炸,可燃气体、可燃粉尘与空气的混合物的爆炸。

(二)按爆炸传播速度分类

按照爆炸传播速度,爆炸可分为爆燃、爆炸、爆轰(又称爆震)三种。

1.爆燃

爆燃通常指爆炸速度在每秒数米以下的爆炸。这种爆炸的破坏力不大,声响也不大。例如,无烟火药在空气中的快速燃烧,可燃气体混合物在接近爆炸浓度上限或下限时的爆炸等。

2.爆炸

通常指速度为每秒十几米到数百米的爆炸。这种爆炸能在爆炸点周围引起压力的激增,有震耳的声响,有较大的破坏力,爆炸产物传播速度很快而且可变。例如,火药遇火源引起的爆炸,可燃气体混合物在多数情况下的爆炸。

3.爆轰

爆轰通常指爆炸速度为每秒千米的爆炸。发生爆轰时能在爆炸点引起极高压力,并产生超音速的"冲击波"。这种爆炸的特点是具备了相应的条件之后突然发生的(时间为 $10^{-5} \sim 10^{-6}$ s),同时产生高速(2 000 ~ 3 000 m/s)、高温(1 300 ~ 3 000 ℃)、高压(10 ~ 40 atm)、高能(2 930 ~ 6 279 kJ/kg)、高冲击力(破坏力)的"冲击波"。这种冲击波能远离爆震源独立存在,并能引起位于一定距离处、与其没有什么联系的其他爆炸性气体混合物或炸药的爆炸,从而产生一种"殉爆"现象。所以,爆轰具有很大的破坏力。

(三)按照爆炸反应相分类

按照参加爆炸反应物的状态,爆炸可分为气相爆炸、液相爆炸和固相爆炸三类。

1.气相爆炸

气相爆炸是指在气体(主要是空气)中发生的爆炸,大部分为化学爆炸。这是可燃性气体发生燃烧反应的一种形态,主要包括单一气体或混合气体爆炸、液雾爆炸、粉尘爆炸等。氢、一氧化碳、甲烷等可燃气体和助燃气体(通常为空气)的混合气体所发生的爆炸都属于气相爆炸。

2.液相爆炸

液相爆炸是指液相和气相间发生急剧相变时的现象,包括聚合物爆炸、蒸气爆炸以及由不同液体混合所引起的爆炸。例如硝酸和油脂、液氧和煤粉等物质混合时所引起的爆炸。

3.固相爆炸

固相爆炸是指某些固体物质发生剧烈化学反应所形成的爆炸。这类固体物质很多,包括爆炸性化合物及其他爆炸性物质的爆炸(如乙炔铜的分解爆炸)。

📖 思考题

1.简述爆炸的概念和分类。

2.阐述爆炸三种不同的分类方法是什么。

第二节　爆炸极限

一、爆炸极限的概念

可燃气体、蒸气或粉尘与空气混合后,遇火会发生爆炸的最高和最低的浓度范围,叫作爆炸浓度极限(又称爆炸极限)。气体、蒸气的爆炸极限,通常用体积百分比(%)表示;粉尘通常用单位体积中的质量(g/m³)表示。

当空气中含有可燃物质所形成的混合物,遇火源能发生爆炸的最低浓度,叫作爆炸浓度下限;能发生爆炸的最高浓度,叫作爆炸浓度上限。混合物的浓度低于下限或高于上限时,既不能发生爆炸也不能发生燃烧。爆炸下限越低,爆炸范围越广,爆炸危险性就越大。控制可燃物质浓度在爆炸下限以下或爆炸上限以上,是保证安全生产、储存、运输、使用的基本措施之一。一些可燃气体或蒸气的爆轰(爆震)浓度范围见表7-1。

表 7-1　一些可燃气体或蒸气的爆轰(爆震)浓度范围

气体混合物		爆炸极限/%	爆轰(爆震)极限/%
可燃气体或蒸气	助燃气体		
氢	空气	4.1~75.0	18.3~59.0
氢	氧	4.7~94.0	15.0~90.0
一氧化碳	氧	12.5~74.2	38.0~90.0
氨	氧	15.0~28.0	25.4~75.0
乙炔	空气	2.5~82.0	4.2~50.0
乙炔	氧	2.8~93.0	3.2~37.0
乙醚	氧	2.1~82.0	2.6~40.0

二、爆炸温度极限

可燃液体的爆炸极限与液体所处环境的温度有关,因为液体的蒸气量随温度发生变化。所以,可燃液体除有爆炸浓度极限外,还有一个爆炸温度极限。

可燃液体受热蒸发出的蒸气浓度等于爆炸浓度极限时的温度范围,叫作爆炸温度极限。

爆炸温度极限和爆炸浓度极限一样,也有上限和下限之分。部分可燃液体的爆炸浓度极限与爆炸温度极限的对应关系,如表7-2所示。

表7-2 部分可燃液体的爆炸浓度极限与对应的爆炸温度极限

液体名称	爆炸浓度极限/%		爆炸温度极限/℃	
	下限	上限	下限	上限
酒精	3.3	19.0	+11	+40
甲苯	1.1	7.1	+5.5	+31
车用汽油	1.7	7.2	−38	−8
灯用煤油	1.4	7.5	+40	+86
乙醚	1.7	49.0	−45	+13
苯	1.2	8.0	−14	+19

三、爆炸极限在消防中的应用

物质的爆炸极限是正确评价生产、储存过程的火灾危险程度的主要参数,是建筑、电气和其他防火安全技术的重要依据。

(1)评定可燃气体和可燃液体的爆炸危险性大小。

可燃气体、可燃液体的爆炸下限越低,爆炸范围越广,爆炸危险性就越大。例如,乙炔的爆炸极限为2.5%~82%,氢气的爆炸极限为4%~76%,氨的爆炸极限为15%~28%,其爆炸危险性为:乙炔>氢气>氨气。

(2)作为评定可燃气体分级和确定其火灾类别的标准,以选择电气防爆型式。

爆炸下限<10%的可燃气体的火灾危险类别为甲类,应选用隔爆型电气设备。

爆炸下限≥10%的可燃气体的火灾危险类别为乙类,可选用任一防爆型电气设备。

(3)确定建筑物耐火等级、防火墙间占地面积、安全疏散距离等。

(4)确定安全生产操作规程。

采用可燃气体或蒸气氧化法生产时,应使可燃气体或蒸气与氧化剂的配比处于爆炸极限以外(如氨氧化制硝酸),若处于或接近爆炸极限进行生产时,应充惰性气体稀释保护(如甲醇氧化制甲醛)。

在生产和使用可燃气体、易燃液体的场所,还应根据它们的爆炸危险性采取诸如密封设备、加强通风、定期检测、开停车前后吹洗置换设备系统、建立检修动火制度等防火安全措施。发生火灾时,应视气体、液体的爆炸危险性大小采取诸如冷却降温、减速降压、排空泄料、停车停泵、关闭阀门、断绝气源、使用相应灭火剂扑救等措施,阻止火势扩展,防止爆炸的发生。

📖 思考题

1.简述爆炸极限的概念,它与爆炸温度极限的区别是什么?

2.简述爆炸极限在消防中的应用,试举例说明。

第三节　爆炸危险源的防控

📖 学习目标

1.了解控制点火源的方法。

2.了解防止可燃气体和空气形成爆炸性混合气体的方法。

3.了解切断爆炸传播途径的方法。

📖 能力目标

1.能够根据生产现场实际控制点火源。

2.能够根据生产工艺设计防止可燃气体和空气形成爆炸性混合气体的方法。

一、严格控制点火源

点火源种类很多,如电焊、气焊产生的明火源;电气设备启动、关闭、短路时产生的电火花;静电放电引起的火花;物体相互撞击、摩擦时产生的火花等。在有可燃气体的场所,应严格控制各种点火源的产生。

电火花或电弧是引起可燃气体爆炸的一个主要点火源。由于在运行过程中设备或线路的短路,电气设备或线路接触电阻过大,超负荷或通风散热不良等使其温度升高,产生电火花或电弧。电火花可分为工作火花和事故火花两类,前者是电气设备(如直流电焊机)正常工作时产生的火花,后者是电气设备和线路发生故障或错误作业时出现的火花。电火花一般具有较高的温度,特别是电弧的温度可达 8 700~9 700 ℃,不仅能引起可燃物质燃烧,还能使金属熔化飞溅,产生危险的火源。

具有爆炸危险的厂房、矿井内,应根据危险程度的不同,采用防爆型电气设备。按照防爆结构和防爆性能的不同特点,防爆电气设备可分为增安型、隔爆型、充油型、充砂型、通风充气型、本质安全型、无火花型、特殊型等。

二、防止可燃气体和空气形成爆炸性混合气体

凡是能产生、储存和输送可燃气体的设备和管线,应严格密封,防止可燃气体泄漏到大气中,与空气形成爆炸性混合气体。在重要防爆场所应装置监测仪,以便对现场可燃气体泄漏情况随时进行监测。

在不可能保证设备绝对密封的情况下,应使厂房、车间保持良好的通风条件,使泄漏的少量可燃气体能随时排走,不形成爆炸性的混合气体。在设计通风排风系统时,应考虑可燃气体的比重。有的可燃气体比空气轻(例如氢气),泄漏出来以后,往往聚积在屋顶,与屋顶空气形成爆炸性混合气体,屋顶应有天窗等排气通道。有的可燃气体比空气重,有可能聚积在地沟等低洼地带,与空气形成爆炸性混合气体,应采取措施排走。为此设置的防爆通风排风系统,其鼓风机叶片应采用在撞击下不会产生火花的材料。

当厂房内或设备内已充满爆炸性混合气体又不易排走,或某些生产工艺过程中,可燃气体难免与空气(氧气)接触时(例如利用氨和氧生产硝酸,利用甲醇和氧生产甲醛,汽油罐液面上的油蒸气和空气混合),可用惰性气体(氮气、二氧化碳等)进行稀释,使之形成的混合气体不在爆炸极限之内,不具备爆炸性。这种方法称为惰性气体保护。在易燃固体物质的压碎、研磨、筛分、混合以及粉状物质的输送过程中,也可以用惰性气体进行保护。

三、切断爆炸传播途径

可燃气体发生爆炸时,为了阻止火焰传播,需设置阻火装置。可安装阻火装置的设备有:石油罐的开口部位、可燃气体的输入管路、溶剂回收管路、燃气烟囱、干燥机排气管、气体焊接设备与管道等。其作用是防止火焰蹿入设备、容器与管道内,或阻止火焰在设备和管道内扩展。其工作原理是在可燃气体进出口两侧之间设置阻火介质,当任一侧着火时,火焰的传播就被阻止而不会烧向另一侧。常用的阻火装置有安全水封、阻火器和单向阀。

在某些爆炸性混合气体中,火焰传播速率随传播距离的增加而增加,并变为爆轰。一旦变成爆轰,要阻止其传播,还需要安装爆轰抑制器。

(一)安全液封

这类阻火装置以液体作为阻火介质,目前广泛使用的是安全水封。它以水作为阻火介质,一般安装在气体管线与生产设备之间。例如,各种气体发生器或气柜多用安全水封进行阻火。来自气体发生器或气柜的可燃气体,经安全水封输送到生产设备中去的过程中,如果安全水封某一侧着火,火焰传到安全水封时,因水的作用,阻止了火焰蔓延到安全水封的另一侧。常用的安全水封有敞开式和封闭式两种,如图7-1和图7-2所示。

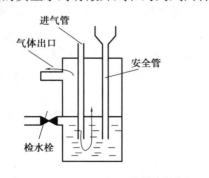

图7-1 敞开式安全水封的构造图

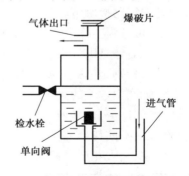

图7-2 封闭式安全水封的构造图

(二)阻火器

阻火器是一种利用间隙消焰,防止火焰传播的干式安全装置。这种安全装置结构比较简单,造价低廉,安装维修方便,应用比较广泛。在容易引起爆炸的高热设备、燃烧室、高温氧化炉、高温反应器等与输送可燃气体、易燃液体蒸气的管线之间,以及易燃液体、可燃气体的容器、管道、设备的排气管上,多用阻火器进行阻火。

间隙消焰是指通过金属网的火焰,由于与网面接触,火焰中的部分活性基团(自由基)失去活性而销毁,使链式反应中止。这种现象称为间隙消焰现象,它是阻火器的工作原理。

消焰直径是设计阻火器的重要参数。消焰直径是指使混合气体着火时不传播火焰的管路临界直径。

消焰元件是许多间隙的集合体,是阻火器中重要的组成部分,选择得当与否,对装置的阻火能力有决定性的影响。一般采用具有不燃性、透气性的多孔材料制作消焰元件,并且它应具有一定的强度。最常用的是金属网,此外也使用波纹金属片、多孔板、细粒(如砂粒、玻璃球、铁屑或铜屑)充填层、狭缝板、金属细管束等来制作消焰元件。金属网阻火器如图7-3所示。

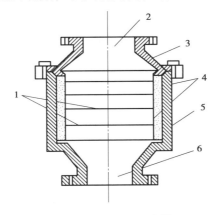

图7-3 金属网阻火器

1—金属网;2—进口;3—上盖;4—垫圈;5—阀体;6—出口

(三)单向阀

单向阀也称逆止阀。其作用是仅允许可燃气体或液体向一个方向流动,遇有倒流时即自行关闭,从而避免在燃气或燃油系统中发生流体倒流,或高压窜入低压造成容器管道的爆裂,或发生回火时火焰的倒袭和蔓延等事故。在工业生产上,通常在流体的进口与出口之间、燃气或燃油管道及设备相连接的辅助管线上、高压与低压系统之间的低压系统上或压缩机与油泵的出口管线上安装单向阀,单向阀如图7-4所示。

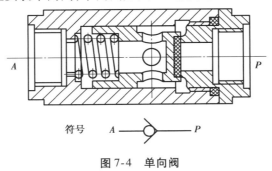

符号 A——>——P

图7-4 单向阀

（四）泄压装置

防爆泄压装置主要有安全阀和爆破片。

安全阀主要用于防止物理性爆炸。当设备内压力超过一定值以后,安全阀自动开启,泄出部分气体,降低压力至安全范围内再自动关闭。从而实现设备内压力的自动控制,保护设备不被破坏。

爆破片主要用于防止化学性爆炸,特别是爆炸时要求全量泄放的设备。它的工作原理是根据爆炸压力上升特点,在设备的适当位置设置一定大小面积的脆性材料,构成薄弱的环节,当发生爆炸时,这些薄弱环节在较小爆炸压力作用下首先遭破坏,立即将大量气体全部泄放出去,使设备主体得到保护。

📖 思考题

1. 简述切断爆炸传播途径的方法。

2. 简述防爆泄压装置中安全阀和爆破片的工作原理。

第四节　可燃气体爆炸

📖 学习目标

1. 了解爆炸的特征。

2. 了解防止可燃气体爆轰产生的条件。

3. 了解切断爆炸传播途径的方法。

📖 能力目标

1. 能够根据生产现场实际控制点火源。

2. 能够根据可燃气体形成爆轰的条件找到预防阻止发生的方法。

3. 能够使用和维护爆轰抑制器。

一、爆炸的特征

可燃气体与空气相遇形成预混气体,遇到点火源时会发生爆炸,但是在不同形式的空间内,爆炸特性会有所不同。在密闭的空间内,容器尺寸不变,预混气爆炸前后系统的体积也不会发生变化,并且在爆炸过程中所产生的热量也难以释放出来;在敞开的空间内,预混气体爆炸后体积膨胀,随之热量向外释放。不管是在密闭空间还是敞开空间,爆炸都有以下相关特征。

一般来说,爆炸现象具有以下特征:

(1)爆炸过程高速进行;

(2)爆炸点附近压力急剧升高,多数爆炸伴有温度升高;

(3)发出声响;

(4)周围介质发生震动或邻近物质遭到破坏。

爆炸现象的特征也可从内部和外部两方面来说明:

内部特征:发生爆炸时,大量气体和能量在有限的体积内突然释放或急剧转化,造成高温高压等非常态对邻近介质形成急剧的压力突跃和随后的复杂运动,显示出不寻常的移动或机械破坏效应。

外部特征:爆炸将能量以一定的方式转变为原物质或产物的压缩能,随后物质由压缩态膨胀,在膨胀过程中作机械功,进而引起附近介质的变形、破坏和移动。同时由于介质振动而发生一定的声响效应。热量是爆炸能量的源泉,快速使有限的能量高度积聚,生成或存在的气体则是能量转换、能量释放的工作介质。

二、可燃气体的爆轰

爆轰实际上是一种激波。这种激波由预混气的燃烧而产生,并依靠燃烧时释放的化学能量维持。

(一)爆轰的产生

假设现有一根装有可燃预混气的长管,管子一端封闭,在封闭端点燃混气,形成一燃烧波。开始的燃烧波是正常火焰,由正常火焰传播产生的已燃气体,由于温度升高,体积会膨胀。体积膨胀的已燃气体就相当于一个活塞——燃气活塞,压缩未燃混气,产生一系列的压缩波,这些压缩波向未燃烧混气传播,各自使波前未燃混气的 ρ、P、T 发生一个微小增量,并使未燃混气获得一个微小向前运动的速度,因此,后面的压缩波波速比前面的大。当管子足够长时,后面的压缩波就有可能一个赶上一个,最后重叠在一起,形成激波。由此可见,激波一定在开始形成的正常火焰前面产生。一旦激波形成,由于激波后面压力非常高,使未燃混气着火。经过一段时间以后,正常火焰传播与激波引起的燃烧合二为一。于是激波传播到哪里,哪里的混气就着火,火焰传播速度与激波速度相同。激波后的已燃气体又连续向前传递一系列的压缩波,并不断提供能量以阻止激波强度的衰减,从而得到一稳定的爆轰波。

(二)爆轰的形成条件

(1)初始正常火焰传播能形成压缩扰动。爆轰波的实质是一个激波,该激波是燃烧产生的压缩扰动形成的。初始正常火焰传播能否形成压缩扰动,是能否产生爆轰波的关键。因为只有压缩波才具有后面的波速比前面快的特点。

(2)管道足够长或自由空间的预混气体积足够大。

由一系列压缩波重叠形成的激波有一个过程,需要一段距离,若管道不够长,或自由空间的预混气体积不够大,初始正常火焰传播便不能形成激波。爆轰波位于正常火焰峰之前。正常火焰峰与爆轰波之间的距离称爆轰前期间距。如果其他条件都相同的话,那么爆轰前期间距与管径有着密切的关系,该关系可用管径的倍速表示。对于光滑的管道,爆轰前期间距为管径的数十倍。对于表面粗糙的管子,爆轰前期间距为管径的 2~4 倍。

（3）可燃气体浓度处于爆轰极限范围内。爆轰和爆炸一样,也存在极限问题,但爆轰极限范围一般比爆炸极限范围要窄。若可燃气体浓度没在爆轰极限范围内,就不会发生爆轰。

（4）管道直径大于爆轰临界直径。管道直径越小,火焰热损失越大,火焰中自由基碰撞到管壁销毁的机会越多,火焰传播越慢。当管径小到一定程度以后,火焰便不能传播,也就不能形成爆轰,管道能形成爆轰的最小直径称爆轰临界直径,为 12 ~ 15 mm。

（三）爆炸的破坏作用

爆炸引起的破坏作用主要表现为爆炸冲击波、震荡作用、爆炸碎片和造成次生事故等。

1. 爆炸冲击波

爆炸形成的冲击波是一种通过空气传播的压力波,产生的高温、高压、高能量密度的气体产物,以极高的速率向周围膨胀,强烈压缩周围的静止空气,使其压力、密度和温度突然升高,像活塞运动一样向前推进,产生波状气压向四周扩散冲击。

这种冲击波能造成附近建筑物的破坏,其破坏程度与冲击波的能量大小有关,与建筑物本身的坚固性和建筑物与产生冲击波的中心距离有关。同样的建筑物,在同一距离内由于冲击波扩散所受到的阻挡作用不同,受到的破坏程度也不同。此外还与建筑的形状和大小有关。如果建筑物的宽和高都不大,冲击波易于绕过,则破坏较轻;反之,则破坏较重。冲击波对建筑物的破坏和对生物体的杀伤作用见表 7-3、表 7-4。

表 7-3　冲击波对建筑物的破坏

超压力/（×10⁵Pa）	建筑物损坏情况
<0.02	基本上没有破坏
0.02 ~ 0.12	玻璃窗的部分或全部破坏
0.12 ~ 0.3	门窗部分破坏,砖墙出现小裂纹
0.3 ~ 0.5	门窗大部分破坏,砖墙出现严重裂纹
0.5 ~ 0.76	门窗全部破坏,墙砖部分倒塌
>0.76	墙倒屋塌

表 7-4　冲击波对生物体的杀伤作用

超压力/（×10⁵Pa）	生物体杀伤情况
<0.1	无损伤
0.1 ~ 0.25	轻伤,出现 1/4 的肺气肿,2 ~ 3 个内脏出血点
0.25 ~ 0.45	中伤,出现 1/3 的肺气肿,1 ~ 3 片内脏出血;一个大片内脏出血
0.45 ~ 0.75	重伤,出现 1/2 的肺气肿,三个以上的片状出血;两个以上大片内脏出血
>0.75	伤势严重,无法挽救,死亡

2. 震荡作用

爆炸发生时,特别是较猛烈的爆炸往往会引起短暂的地震波。例如,哈尔滨亚麻厂发生粉尘爆炸时,有连续 3 次爆炸,结果在该市地震局的地震检测仪上,记录了在 7 s 之内的曲线上出现 3 次高峰。在爆炸波及的范围内,这种地震波会造成爆源附近地面及地面一切物体产生颠簸和摇晃,当这种震荡作用达到一定的强度时,即可造成爆炸区周围建筑物和构筑物的开裂、松散、倒塌等破坏作用。

3. 爆炸碎片

爆炸的破坏效应会使机械设备、装备、容器等材料的碎片飞散出去,其距离一般可达 100 ~ 500 m,在相当大的范围造成伤害,化工生产爆炸事故中,由于爆炸碎片造成的伤亡占很大比例。在工程爆破中,特别是进行抛掷爆破和用裸露药包进行爆破时,个别岩石块可能飞散得很远,常常造成人员、设备和建筑物的破坏。

4. 造成次生事故

爆炸发生时,如果车间、库房(如制氢车间、汽油库或其他建筑物)里存放有可燃物质,会造成火灾;高空作业人员受冲击波或震荡作用,会造成高空坠落事故;粉尘作业场所,轻微的爆炸冲击波会使积存在地面上的粉尘扬起,造成更大范围的二次爆炸等。

三、爆炸极限和爆轰极限

(一)爆炸极限

对可燃气体、蒸气或粉尘与空气的混合物,并不是在任何浓度下,遇到火源都有爆炸危险,而必须处于合适的浓度范围内,遇火源才能发生爆炸。例如,实验表明,对氢气和空气的混合气体,只有当氢气的浓度在 4.1% ~ 75% 时,混合气体遇火源才会发生爆炸。氢气浓度低于 4.1% 或者高于 75% 时,混合气体遇火源都不会发生爆炸。

可燃气体、蒸气或粉尘与空气混合后,遇火源能发生爆炸的最低浓度和最高浓度范围,叫作可燃气体、蒸气或粉尘的爆炸浓度极限(又称爆炸极限)。对应的最低浓度叫作爆炸下限,最高浓度叫作爆炸上限。气体、蒸气的爆炸极限,通常用体积百分比(%)表示;粉尘通常用单位体积中的质量(g/m^3)表示。

通常爆炸混合物的浓度低于下限或高于上限时,既不能发生爆炸也不能发生燃烧。但是,若浓度高于爆炸上限的爆炸混合物,离开密闭的容器、设备或空间,重新遇空气仍有燃烧或爆炸的危险。

爆炸极限是评定可燃气体、蒸气和粉尘爆炸危险性大小的主要依据。爆炸下限越低,爆炸范围越广,爆炸危险性就越大。控制可燃物质浓度在爆炸下限以下或爆炸上限以上,是保证安全生产、储存、运输、使用的基本措施之一。

(二)爆轰极限

与爆炸浓度极限一样,气体混合物发生爆轰(爆震)也有一定的浓度范围和上限下限之分。爆轰(爆震)极限范围一般比爆炸极限范围要窄。有些可燃气体和蒸气,只有在与氧气混合时才能发生爆轰(爆震)。一些可燃气体或蒸气的爆轰(爆震)浓度极限见表 7-5。

表 7-5　一些可燃气体或蒸气的爆轰(爆震)浓度极限

气体混合物		爆炸极限/%	爆轰(爆震)极限/%
可燃气体或蒸气	助燃气体		
氢	空气	4.1~75.0	18.3~59.0
氢	氧	4.7~94.0	15.0~90.0
一氧化碳	氧	12.5~74.2	38.0~90.0
氨	氧	15.0~28.0	25.4~75.0
乙炔	空气	2.5~82.0	4.2~50.0
乙炔	氧	2.8~93.0	3.2~37.0
乙醚	氧	2.1~82.0	2.6~40.0

(三)爆炸危险度

可燃气体爆炸下限越低,只要有少量可燃气体泄漏在空气中就会形成爆炸性混合气体;可燃气体爆炸上限越高,那么少量空气进入装有可燃气体的容器就能形成爆炸性预混气体。据此引入爆炸危险度指标:

$$H_a = \frac{L_上 - L_下}{L_下} \tag{7-1}$$

式中　H_a——可燃气体爆炸危险度;

$L_上$、$L_下$——可燃气体爆炸上限、下限。

[例7-1]已知氨气与空气混合后的爆炸极限为15%~28%,试求氨气的爆炸危险度是多少。

解:将氨气的爆炸极限代入式(7-1)得:

$$H_a = \frac{L_上 - L_下}{L_下} = \frac{28\% - 15\%}{15\%} \approx 0.87$$

答:氨气的爆炸危险度为0.87。

爆炸危险度是衡量可燃气体或蒸气爆炸危险性大小的重要指标,其数值越大的,危险性也越大。某些可燃气体爆炸危险度指标见表7-6。

表 7-6　某些可燃气体爆炸危险度指标

名称	爆炸危险度 H_a	名称	爆炸危险度 H_a
氨气	0.87	汽油	4.84
甲烷	2.00	辛烷	5.50
乙烷	3.17	苯	5.67
乙醇	4.76	乙酸丁酯	5.33
丙烷	3.50	氢	17.30
丁烷	3.47	乙炔	31.80
一氧化碳	4.90	二硫化碳	49.00

四、爆炸极限和爆炸压力的估算

(一)爆炸极限的估算

各种可燃气体和液体蒸气的爆炸极限可用专门仪器测定出来,也可用经验公式计算出近似值。虽然计算值与实测值有一定误差,但仍不失其参考价值。现仅简介三种计算方法。

1. 经验公式法

某些纯净的有机化合物(气体或蒸气)的爆炸极限可用下述经验公式估算:

$$L_{下} = \frac{1}{4.76(2A-1)+1} \times 100\% \tag{7-2}$$

$$L_{上} = \frac{1}{4.76\frac{A}{2}+1} \times 100\% \tag{7-3}$$

式中　A——1 mol 有机物完全燃烧所需氧气的物质的量。

(注:用上述公式计算爆炸浓度上限误差较大)

[例 7-2]求乙酸乙酯的爆炸浓度极限。

解:乙酸乙酯分子式为 $C_4H_8O_2$,在空气中完全燃烧反应式为

$$C_4H_8O_2 + 5O_2 + 5 \times 3.76N_2 = 4CO_2 + 4H_2O + 5 \times 3.76N_2 + Q$$

根据上述燃烧反应方程式可知:$A=5$

分别代入式(7-2)和式(7-3)得

$$L_{下} = \frac{1}{4.76(2A-1)+1} \times 100\% = \frac{1}{4.76(2 \times 5-1)+1} \times 100\% = 2.28\%$$

$$L_{上} = \frac{1}{4.76\frac{A}{2}+1} \times 100\% = \frac{1}{4.76 \times \frac{5}{2}+1} \times 100\% = 7.75\%$$

(注:《灭火手册》中有关值为 2.20% ~ 11.50%)

答:乙酸乙酯的爆炸浓度极限为 2.28% ~ 7.75%。

2. 通过化学计量浓度估算

可燃气体与空气中的氧气恰好完全反应时,可燃气体在空气中的含量(体积百分比)称为化学计量浓度。对于可燃气体或蒸气来说,化学计量浓度是发生燃烧爆炸最危险的浓度。据实验证明,各种有机可燃物质在空气中燃烧的化学计量浓度与该物质爆炸极限浓度之间保持一个近似不变的常数关系。故可采用化学计量浓度估算爆炸极限。

(1)化学计量浓度 x_0 可按下式计算:

$$x_0 = \frac{1}{4.76A+1} \times 100\% \tag{7-4}$$

式中　A——1 mol 可燃有机物完全燃烧所需氧气的物质的量;

　　　x_0——化学计量浓度,%。

(2)爆炸极限估算:

$$L_{下} \approx 0.55x_0 \tag{7-5}$$

$$L_{上} \approx 4.8\sqrt{x_0} \tag{7-6}$$

式中　$L_下$——爆炸下限浓度,%;

　　　$L_上$——爆炸上限浓度,%;

　　　x_0——化学计量浓度,%。

[例 7-3]试估算丙烷(C_3H_8)的爆炸极限。

解:(1)根据燃烧反应式可知丙烷所需氧气的物质的量 $A=5$,代入式(7-4),则化学计量浓度为

$$x_0 = \frac{1}{4.76A+1} \times 100\% = \frac{1}{4.76 \times 5 + 1} \times 100\% = 4.03\%$$

(2)已知丙烷的 $x_0=4.03\%$,将有关数值代入式(7-5)和式(7-6),则其爆炸浓度极限为

$$L_下 \approx 0.55 x_0 = 0.55 \times 4.03 \approx 2.22\%$$

$$L_上 \approx 4.8 \sqrt{x_0} = 4.8 \sqrt{4.03} \approx 9.64\%$$

答:丙烷的爆炸下限为 2.22%,爆炸上限为 9.64%。

3.可燃气体混合物爆炸浓度极限近似计算:

$$L_混 = \frac{1}{\dfrac{V_1}{L_1} + \dfrac{V_2}{L_2} + \dfrac{V_3}{L_3} + \cdots + \dfrac{V_n}{L_n}} \times 100\% \tag{7-7}$$

式(7-7)称莱-夏特尔公式。

式中　$L_混$——混合可燃气体的爆炸极限,%;

　　　V_1、V_2、V_3、V_n——气体混合物中各组分的百分数,%;

　　　L_1、L_2、L_3、L_n——混合物中各组分的爆炸浓度极限(如果计算爆炸下限,则 L_1、L_2、L_3、L_n 代入各组分的爆炸下限浓度),%。

[例 7-4]制水煤气的化学反应为:$H_2O_{(g)} + C_{(炽热)} = CO + H_2$,经干燥的水煤气所含 CO 和 H_2 均为 50%,求经干燥的水煤气的爆炸浓度极限。

解:查表得 CO 爆炸极限为 12.5% ~ 74.2%;H_2 爆炸极限为 4.1% ~ 75.0%,将有关数值代入式(7-7),则得

$$L_{混下} = \frac{1}{\dfrac{V_1}{L_1} + \dfrac{V_2}{L_2}} = \frac{1}{\dfrac{50\%}{12.5\%} + \dfrac{50\%}{4.1\%}} \times 100\% = 6.17\%$$

$$L_{混上} = \frac{1}{\dfrac{V_1}{L_1} + \dfrac{V_2}{L_2}} \times 100\% = \frac{1}{\dfrac{50\%}{74.2\%} + \dfrac{50\%}{75.0\%}} \times 100\% = 74.60\%$$

答:该水煤气爆炸浓度极限为 6.17% ~ 74.60%。

用上述公式计算的结果,大多数与实验值一致,但对含氢-乙炔,氢-硫化氢、硫化氢-甲烷及含二硫化碳等混合气体,误差较大。

(二)爆炸压力的计算

密闭容器或房间内的可燃混合气体在发生爆炸式燃烧反应时,由于反应速率很快,反应释放出的热量几乎全部被用于加热燃烧产物,因而使反应体系的压力剧增,这时反应体系的压力就称为爆炸压力。它是爆炸事故具有杀伤性和破坏性的主要因素。

在密闭容器或房间内的可燃混合气体发生的爆炸过程可认为是绝热等容过程。对处于化学计量浓度的可燃混合气体来说,爆炸反应后体系的温度达到理论爆炸温度(亦即按绝热等容过程考虑求出的绝热燃烧温度),对应于理论爆炸温度时等容体系所达到的压力就是最大爆炸压力的计算值。根据理想气体状态方程 $PV=nRT$,可以写出爆炸反应(绝热等容过程)前后,体系的压力、温度及气体物质的量之间存在下面的关系式,此关系式即是可燃气体或蒸气与空气混合物的爆炸压力的计算公式:

$$P_{爆炸}=\frac{T_{爆炸}\ n_{爆炸}}{T_0 n_0}\times P_0 \tag{7-8}$$

式中 P_0、$P_{爆炸}$——爆炸混合物的初压和爆炸压力,Pa;

T_0、$T_{爆炸}$——爆炸混合物的初温和爆炸温度,K;

n_0——爆炸前反应物的物质的量,mol;

$n_{爆炸}$——爆炸后燃烧产物的物质的量,mol。

[例 7-5]1 mol 丙烷与空气按化学式计量比混合成为可燃气体,存放在密闭的耐压容器中,假设爆炸前可燃混合气体的压力为 98 kPa,温度为 18 ℃,爆炸温度为 1 977 ℃,试求该反应体系的最大爆炸压力。

解:1 mol 丙烷在空气中完全燃烧的反应式为

$$C_3H_8+5O_2+5\times3.76N_2=3CO_2+4H_2O+5\times3.76N_2+Q$$

爆炸前反应物的物质的量 $n_0=24.5$ mol,爆炸后产物的物质的量 $n_{爆炸}=25.8$ mol,将已知数据代入式(7-8)中,即可求出该反应体系的最大爆炸压力为

$$P_{爆炸}=\frac{(273+1\ 977)\times25.8}{(273+18)\times24.8}\times98=788\ kPa$$

答:该反应体系的最大爆炸压力 788 kPa。

部分可燃气体和蒸气的最大爆炸压力见表 7-7。

表 7-7 部分可燃气体(蒸气)的最大爆炸压力

气体(蒸气)名称	浓度/%	最大爆炸压力/(×101.325 kPa)	气体(蒸气)名称	浓度/%	最大爆炸压力/(×101.325 kPa)
氢	3.5	7.06	环己烷	3	8.32
甲烷	10	7.11	丙酮	6	8.22
乙烷	7	7.64	苯	4	8.32
己烷	3	8.41	乙醇	—	5.32

(三)爆炸极限在消防中的应用

物质的爆炸极限是正确评价生产、储存过程的火灾危险程度的主要参数,是建筑、电气和其他防火安全技术的重要依据。

1. 评定可燃气体爆炸危险性大小

可燃气体、可燃液体的爆炸下限越低,爆炸范围越广,爆炸危险性就越大。例如,乙炔的爆炸极限为 2.5% ~82%;氢气的爆炸极限为 4.1% ~75%;氨气的爆炸极限为 15% ~28%。

其爆炸危险性为:乙炔>氢气>氨气。

2.选择电气防爆类型

作为评定可燃气体分级和确定其火灾类别的标准,以选择电气防爆型式。

爆炸下限小于10%的可燃气体的火灾危险类别为甲类,应选用隔爆型电气设备。

爆炸下限大于或等于10%的可燃气体的火灾危险类别为乙类,可选用任一防爆型电气设备。

3.确定建筑物耐火等级、防火墙间占地面积及安全疏散距离(表7-8、表7-9)

表7-8　厂房的耐火等级、面积和安全疏散距离

爆炸下限/%	火灾危险类别	厂房建筑			最远疏散距离/m	
		耐火等级	防火墙间最大占地面积/m²		单层厂房	多层厂房
			单层厂房	多层厂房		
<10	甲	一级	4 000	3 000	30	25
≥10	乙	一级	5 000	4 000	75	50
		二级	4 000	3 000		

表7-9　库房的耐火等级、层数和面积

爆炸下限/%	火灾危险类别	耐火等级	最多层数	最大允许占地面积/m²	
				每座库房	防火墙间隔
<10	甲	一、二级	1	750	250
≥10	乙	一、二级	5	2 800	700
		三级	1	900	300

4.确定安全生产操作规程

采用可燃气体或蒸气氧化法生产时,应使可燃气体或蒸气与氧化剂的配比处于爆炸极限以外(如氨氧化制硝酸),若处于或接近爆炸极限进行生产时,应充惰性气体稀释保护(如甲醇氧化制甲醛)。

在生产和使用可燃气体、易燃液体的场所,还应根据它们的爆炸危险性采取诸如密封设备、加强通风、定期检测、开停车前后吹洗置换设备系统、建立检修动火制度等防火安全措施。发生火灾时,应视气体、液体的爆炸危险性大小采取诸如冷却降温、减速降压、排空泄料、停车停泵、关闭阀门、断绝气源、使用相应灭火剂扑救等措施,阻止火势扩展,防止爆炸的发生。

五、可燃气体爆炸极限的主要影响因素

不仅不同的可燃气体和液体蒸气,因理化性质不同具有不同爆炸极限,而且就是同种可燃气体(蒸气),其爆炸极限也会因外界条件的变化而变化。

(一)初始温度

爆炸性混合物在遇到点火源之前的初始温度升高,使爆炸极限范围增大,即爆炸下限降

低,上限增高,爆炸危险性增加。这是因为温度升高,会使反应物分子活性增大,因而反应速率加快,反应时间缩短,导致反应放热速率增加,散热减少,使爆炸容易发生。温度对爆炸极限的影响如图 7-5 所示。

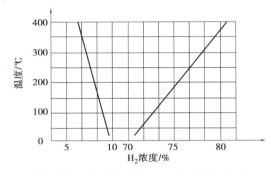

图 7-5　不同温度下,氢在空气中的爆炸极限(火焰向下传播)

又如,温度对丙酮爆炸极限的影响见表 7-10。

表 7-10　不同温度时丙酮的爆炸极限

混合物的温度/℃	0	50	100
爆炸下限/%	4.2	4.0	3.2
爆炸上限/%	8.0	9.8	10.0

(二)初始压力

多数爆炸性混合物的初始压力增加时,爆炸极限范围变宽,爆炸危险性增加。压力对爆炸上限的影响较对爆炸下限的影响要大。因为初始压力高,分子间距缩短,碰撞概率增高,使爆炸反应容易进行。压力降低,爆炸范围缩小,降至一定值时,其下限与上限重合,此时的压力称为爆炸的临界压力。临界压力的存在,表明在密闭的设备内进行减压操作,可以避免爆炸危险。若压力低于临界压力,则不会发生爆炸。因此,爆炸危险性较大的工艺操作常采用负压以保安全。以一氧化碳为例,爆炸极限在 101.325 kPa 时为15.5%~68%,在 79.8 kPa 时为 16%~65%,在 53.2 kPa 时为 19.5%~57.5%,在 39.9 kPa 时为22.5%~51.5%,在 30.59 kPa 时上下限合为 37.4%,在 26.6 kPa 时就没有爆炸危险了。又如压力对甲烷-空气混合物爆炸极限的影响,如图 7-6 所示。

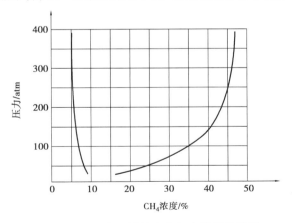

图 7-6　不同压力下甲烷在空气中的爆炸极限

(三)混合物中的含氧量

可燃混合物中氧含量增加,一般对爆炸下限影响不大,因为在下限浓度时氧气相对可燃气体是过量的。而在上限浓度时氧含量相对不足，所以增加氧含量会使上限显著增高。氨气的爆炸极限随着氧含量的变化情况，如图7-7所示。

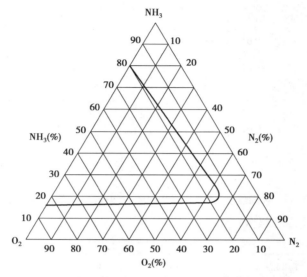

图 7-7　NH_3-O_2-N_2 混合气体爆炸极限

几种可燃气体在空气中和纯氧中的爆炸极限比较见表7-11。

表 7-11　几种可燃气体在空气中和纯氧中的爆炸极限

物质名称	在空气中		在纯氧中	
	爆炸极限/%	范围/%	爆炸极限/%	范围/%
甲烷	5.0～15.0	10.0	5.4～60.0	54.6
乙烷	3.0～12.5	9.5	3.0～66.0	63.0
丙烷	2.1～9.5	7.4	2.3～55.0	52.7
丁烷	1.9～8.5	6.6	1.8～49.0	47.2
乙烯	2.7～36.0	33.3	3.0～80.0	77.0
乙炔	2.5～82.0	79.5	2.8～93.0	90.2
氢	4.1～75.0	70.9	4.7～94.0	89.3
氨气	15.0～28.0	13.0	13.5～79.0	65.5
一氧化碳	12.5～74.2	61.7	15.5～94.0	78.5
丙烯	2.4～10.3	7.9	2.1～53.0	50.9
乙醚	1.7～49.0	47.1	2.1～82.0	79.9

（四）惰性气体含量及杂质

若在混合物中加入惰性气体（氮气、二氧化碳等），将使其爆炸极限范围缩小，一般是对上限的影响比对下限的影响显著，当惰性气体含量逐渐增多达到一定浓度时，可使混合气体不爆炸。二氧化碳对汽油蒸气爆炸极限的影响见表7-12。

表 7-12 二氧化碳对汽油蒸气爆炸极限的影响

二氧化碳/%	爆炸上、下限/%	爆炸危险度	二氧化碳/%	爆炸上、下限/%	爆炸危险度
0	1.4 ~ 7.4	4.28	27	2.3 ~ 3.5	0.66
10	1.4 ~ 5.6	3.00	28	2.7	≈0
20	1.8 ~ 4.2	1.33	>28	不爆炸	0

（五）容器的直径和材质

充装混合物的容器直径越小,火焰在其中的蔓延的速率越小,爆炸极限的范围就越小。当容器直径小到一定程度时(即临界直径),火焰会因不能通过而熄灭,气体混合物便可免除爆炸危险。汽油贮罐和某些气体管道上安装阻火器,就是根据这个原理制作的,以阻止火焰和爆炸波的传播。阻火器的孔径或沟道的大小,视气体或蒸气的着火危险程度而定。例如,甲烷的临界直径为 0.4 ~ 0.5 mm,汽油、氢和乙炔的临界直径为 0.1 ~ 0.2 mm。

容器的材质,对爆炸极限也有影响。例如,氢和氟在玻璃容器中混合,即使在液态空气的温度下于黑暗中也会发生爆炸;而在银制的容器中,在常温下才能发生反应。

（六）最低引爆能量

各种爆炸性混合物都有一个最低引爆能量,也称为最小点火能量。爆炸性混合物的点火能量越小,其燃爆危险性就越大,低于该能量,混合物就不爆炸。

例如,甲烷若用 100 V 电压、1 A 电流的电火花去点,无论在什么浓度下都不会爆炸;2 A 电流时,其爆炸极限为 5.9% ~ 13.6% ;3 A 电流时,其爆炸极限为 5.85% ~ 14.8%。部分烷烃的最低引爆能量与爆炸极限和火源强度的关系见表7-13。

表 7-13 部分烷烃的最低引爆能量与爆炸极限和火源强度的关系

烷烃名称	最低引爆能量/mJ	电压/V	爆炸极限/%		
			1A	2A	3A
甲烷	0.28	100	不爆	5.9 ~ 13.6	5.85 ~ 14.8
乙烷	0.285	100	不爆	3.5 ~ 10.1	3.4 ~ 10.6
丙烷	0.305	100	3.6 ~ 4.5	2.8 ~ 7.6	2.8 ~ 7.7
丁烷	0.24	100	不爆	1.3 ~ 4.4	1.3 ~ 4.6

掌握各种可燃气体混合物爆炸所需要的最小点火能量,对在有爆炸危险的场所选用安全的电气设备、火灾自动报警系统和各种电动仪表等,都具有很大的实际意义。

📖 思考题

1. 简述爆轰的形成条件。

2. 试估算己烷的爆炸极限。

第五节　液体爆炸

📖 **学习目标**

　　1. 了解液体爆炸的基本要素。

　　2. 掌握闪燃与闪点的概念。

　　3. 掌握液体爆炸极限及影响因素。

📖 **能力目标**

　　1. 能够判断液体的闪点。

　　2. 能够判断液体的爆炸极限。

　　可燃液体的燃烧,不是液体本身在燃烧,而是液体蒸发的蒸气在燃烧。蒸气的燃烧与可燃气体的燃烧有很多相似的地方。例如,可燃液体蒸发产生的蒸气同样具有爆炸性。因此,可燃气体燃烧中的很多概念和结论,同样可以应用于可燃液体的蒸气。但是可燃液体蒸气的浓度不像可燃气体那样能任意改变,可燃液体蒸气浓度要受到温度及可燃液体本身性质的影响。

一、液体爆炸的基本要素

　　从可燃液体的燃烧特点来看,液体可燃物的燃烧火焰并非紧贴在液体表面上,而是在液面上方空间的某个位置。这是因为在燃烧之前液体可燃物首先蒸发,蒸气在液面上方扩散,与周围空气掺混形成可燃性混合气体,然后在点火源作用下在空间某处进行燃烧反应。因此,液体可燃物的燃烧实际上是可燃性混合气体的燃烧,是气态物质的均相燃烧。

(一)蒸发过程

　　将液体置于密闭的真空容器中,液体表面能量大的分子就会克服液面邻近分子的吸引力,脱离液面进入液面以上空间成为蒸气分子。进入空间的分子由于热运动,有一部分又可能撞到液体表面,被液面吸引而凝结。开始时,由于液面以上空间尚无蒸气分子,蒸发速度最大,凝结速度为0。随着蒸发过程的继续,蒸气分子浓度增加,凝结速度也增加,最后凝结速度和蒸发速度相等,液体(液相)和它的蒸气(气相)就处于平衡状态。但这种平衡是一种动态平衡,即液面分子仍在蒸发,蒸气分子仍在凝结,蒸发速度和凝结速度相等。

(二)蒸气压

　　在一定温度下,液体和它的蒸气处于平衡状态时,蒸气所具有的压力叫饱和蒸气压,简称蒸气压。液体的蒸气压是液体的重要性质,它仅与液体的性质和温度有关,而与液体的数量及液面上方空间的大小无关。

在相同温度下,液体分子之间的引力越强,则液体分子越难以克服引力进入空间中去,蒸气压就低;反之,蒸气压就高。分子间的引力称为分子间力,又称为范德华力。分子间力最重要的力是色散力。色散力是由于分子在运动时,电子云和原子核发生瞬时相对运动,产生瞬时偶极而出现的分子间的吸引力。分子量越大,分子越易变形,色散力越大。所以,同类物质中,分子量越大,蒸发越难,蒸气压越低。但在水分子(H_2O)、氟化氢(HF)、氨(NH_3)分子中,以及很多有机化合物中,由于存在氢键,分子间力会大大增强,蒸发也不容易,蒸气压较低。对同一液体,升高温度,液体中能量大的分子数目就增多,能克服液体表面引力进入到空中的分子数目也就增多,因此,蒸气压就高;反之,温度降低,蒸气压就降低。

(三)蒸发热

液体在蒸发过程中,高能量分子离开液面进入空间,使剩余液体的内能越来越低,液体温度也越来越低。欲使液体保持原温度,必须从外界吸收热量。这就是说,要使液体在恒温恒压下蒸发,必须从周围环境中吸收热量。通常定义,在一定温度和压力下,单位质量的液体完全蒸发所吸收的热量为液体的蒸发热。

蒸发热主要是为了增加液体分子动能以克服分子间引力而逸出液面,因此,分子间引力越大的液体,其蒸发热越高。此外,蒸发热还消耗于气化时体积膨胀对外所做的功。

(四)液体的沸点

当液体蒸气压与外界压力相等时,蒸发在整个液体中进行,称为液体沸腾;而蒸气压低于环境压力时,蒸发仅限于在液面上进行。所谓液体的沸点,是指液体的饱和蒸气压与外界压力相等时液体的温度。很显然,液体沸点与外界气压密切相关。

二、闪燃与爆炸温度极限

(一)闪燃与闪点

当液体温度较低时,由于蒸发速度很慢,液面上蒸气浓度小于爆炸下限,蒸气与空气的混合气体遇到火源是不会被点燃的。随着液体温度升高,蒸气分子浓度增大,当蒸气分子浓度增大到爆炸下限时,蒸气与空气的混合气体遇火源就能闪出火花,但随即熄灭。这种在可燃液体的上方,蒸气与空气的混合气体遇火源发生的一闪即灭的瞬间燃烧现象称为闪燃。在规定的实验条件下,液体表面能够产生闪燃的最低温度称为闪点。

液体发生闪燃,是因为其表面温度不高,蒸发速度小于燃烧速度,产生的蒸气来不及补充被烧掉的蒸气,而仅能维持一瞬间的燃烧。蒸发汽化过程对液体可燃物的燃烧起决定性作用。闪点是表示可燃液体蒸发特性的重要参数,可用来衡量可燃液体蒸发特性和燃烧危险性的大小。闪点越低,可燃液体越容易蒸发,燃烧危险性越大;反之则不容易蒸发,燃烧危险性越小。如果可燃液体温度高于自身的闪点,则随时有接触火源而被点燃的危险。

液体的闪点一般要用专门的开杯式或闭杯式闪点测定仪测得。采用开杯式闪点测定仪时,由于气相空间不能像闭杯式闪点测定仪那样产生饱和蒸气—空气混合物,所以测得的闪点要大于采用后者测得的闪点。开杯式闪点测定仪一般适用于测定闪点高于 100 ℃的液体,而闭杯式闪点测定仪适用于测定闪点低于 100 ℃液体。

(二)同类液体闪点变化规律

一般地说,可燃液体多数是有机化合物。有机化合物根据其分子结构不同,分成若干类。同类有机物在结构上相似,在组成上相差一个或多个系差(CH_2原子团)。这种在组成上相差一个或多个系差且结构上相似的一系列化合物称为同系列。同系列中各化合物互称同系物。

同系物虽然结构相似,但分子量却不相同。分子量大的分子结构变形大,分子间力大,蒸发困难,蒸气浓度低,闪点高;否则闪点低。因此,同系物的闪点具有以下规律:

①同系物闪点随分子量增加而升高。

②同系物闪点随沸点的升高而升高。

③同系物闪点随密度的增大而升高。

④同系物闪点随蒸气压的降低而升高。

⑤同系物中正构体比异构体闪点高。

碳原子数相同的异构体中,支链数增多,造成空间障碍增大,使分子间距离变远,从而使分子间力变小,闪点下降。

(三)混合液体的闪点

1. 两种完全互溶可燃液体的混合液体的闪点

这类混合液体的闪点一般低于各组分闪点的算术平均值,并且接近于含量大的组分的闪点。例如,纯甲醇闪点为 7 ℃,纯乙酸戊酯的闪点为 28 ℃。当60%的甲醇与40%的乙酸戊酯混合时,其闪点并不等于 7×60% +28×40% = 15.4 ℃,而是等于 10 ℃,如图 5-5 所示。图中实线为混合液体实际闪点变化曲线;虚线为混合液体算术平均值。对甲醇和丁醇(闪点36 ℃)1:1的混合液,其闪点等于 13 ℃,而不是 0.5×(7+36)= 21.5 ℃。

2. 可燃液体与不可燃液体混合液体的闪点

在可燃液体中掺入互溶的不燃液体,其闪点随着不燃液体含量增加而升高,当不燃组分含量达一定值时,混合液体不再发生闪燃。

(四)爆炸温度极限

1. 爆炸温度极限理论

当液面上方空间的饱和蒸气与空气的混合气体中可燃液体蒸气浓度达到爆炸浓度极限时,混合气体遇火源就会发生爆炸。根据蒸气压的理论,对特定的可燃液体,饱和蒸气压(或相应的蒸气浓度)与温度成一一对应关系。蒸气爆炸浓度上、下限所对应的液体温度称为可燃液体的爆炸温度上、下限,分别用 $t_上$、$t_下$ 表示。显然,液体温度处于爆炸温度极限范围内时,液面上方的蒸气与空气的混合气体遇火源会发生爆炸。可见,利用爆炸温度极限来判断可燃液体的蒸气爆炸危险性比爆炸浓度极限更方便。通过以上分析可以得出以下结论:

(1)凡爆炸温度下限 $t_下$ 小于最高室温的可燃液体,其蒸气与空气混合物遇火源均能发生爆炸;

(2)凡爆炸温度下限 $t_下$ 大于最高室温的可燃液体,其蒸气与空气混合物遇火源均不能发生爆炸;

(3)凡爆炸温度上限 $t_上$ 小于最低室温的可燃液体,其饱和蒸气与空气的混合物遇火源不发生爆炸,其非饱和蒸气与空气的混合物遇火源有可能发生爆炸。

2. 爆炸温度极限的影响因素

（1）可燃液体的性质。液体蒸气的爆炸浓度极限低，则相应的液体爆炸温度极限低；液体越易蒸发，则爆炸温度极限越低。

（2）压力。压力升高使爆炸温度上、下限升高，反之则下降。这主要是因为总压升高时，为使蒸气浓度达到爆炸浓度极限，需要相应地增加蒸气压力，压力升高，闪点升高，即爆炸温度下限升高。飞机起飞时，油箱里的压力发生较大的变化，因此燃油的爆炸温度极限也发生较大变化。当燃油温度处于爆炸温度极限范围内时，油面上方的蒸气/空气混合物就会具有可燃性，这在遭遇雷电等放电事故时是非常危险的。

（3）水分或其他物质含量。由于水蒸气在液面上的可燃蒸气和空气混合气体中起着惰性气体作用，因此，在可燃液体中加入水会使其爆炸温度极限升高。如果在闪点高的可燃液体中加入闪点低的可燃液体，则混合液体的爆炸温度极限比前者低，但比后者高。实验发现，即使低闪点液体的加入量很少，也会使混合液体的闪点比高闪点液体的闪点低得多。例如，在煤油中加入1%的汽油，煤油的闪点要降低10 ℃以上。

（4）火源强度与点火时间。一般来说，在其他条件相同时，液面上的火源强度越高，或者点火时间越长，液体的爆炸温度下限（或闪点）越低。这是因为此时液体接受的热量很多，液面上蒸发出的蒸气量增加。例如，在电焊电弧作用于液面时，由于电弧的能量很高，液体在初温低于正常实验条件下的闪点时也会发生闪燃。又如，一个较大的机械零件进入淬火油前在油面上有一段停留时间，可能导致淬火油在较低的初始温度下发生闪燃或着火。

三、原油与重质油品的沸溢和喷溅火灾

如果油罐中有积水，水一般沉积在油罐的底部，但水的沸点（100 ℃）远低于油的沸点。因此，火焰向油品传热的同时，油品必然也向水传热，导致沉积在油池底部的水温会不断升高。当水温上升到水的沸点温度时，水就会沸腾。水面以上是一层油，这层油的最上层又处于蒸发、燃烧状态，所以水蒸气将带着蒸发、燃烧的油一起沸腾。这样就可能发生极其危险的油罐沸溢现象，即沸腾的水蒸气带着燃烧着的油向空中飞溅。一般飞溅的油滴在飞溅过程中和散落后将继续燃烧，造成火灾的迅速扩大。研究结果表明：飞溅高度和散落面积与油层厚度、油池直径等有关，一般散落面积的直径（D）与油池直径（d）之比均在10倍以上。由于沸溢带出的燃油初始呈池火燃烧状态，喷出之后呈液滴燃烧状态，改善了燃烧条件，燃烧强度大大提高，危险性随之增加。如果油池周围还有其他可燃物，这些可燃物将被点燃；如果油池周围有从事灭火工作的人员和设备，必然造成很大的伤亡和损失。所以对油池火灾而言，一定要避免沸溢和喷溅现象的发生。这就要求对沸溢现象的产生条件、沸前现象等进行研究，以便为预防对策提供依据。

在油罐火灾中发生沸溢现象的案例，国内外均有报道。20世纪80年代，在美国的加利福尼亚州、路易斯安那州等地发生的油罐大火中曾出现多次沸溢现象。1983年8月30日，在英国，某炼油厂的原油贮罐发生火灾。当时，直径78 m、高20 m、容量达94 110 m³的011号浮顶贮油罐存有北海油田生产的轻原油4.7×10⁴t。从火灾发生开始经历12个多小时，第一次沸溢出现，此时，火柱高度从60 m上升到90 m，大量燃烧着的原油向油罐的四周溢出，火灾的范围迅速扩大，当场6名消防人员受伤，致使灭火工作难以进行。火灾持续若干小时之后，第二次沸溢发生。随过了1 h，明显地出现第三次沸溢的征兆，由于及时投入大量的泡沫灭火，才成功地阻止了沸溢的再度发生。

1987 年 6 月 2 日,法国里昂一油库,在防火堤内进行改造工程时,发生火灾。该罐区内容量在 30 ~ 2 900 m³ 的油罐一共有 58 个。此次大火有 8 名工作人员烧伤,其中 5 人重伤,2 人死亡。火灾发生 5 h 左右后,在容量 2 900 m³ 装有轻油 1 000 m³ 的第 6 号油罐发生沸溢现象,形成百米直径的火球,火焰也高达百米。这次沸溢现象是由于 6 号油罐受到周围火灾的强烈辐射,促使油面自燃,形成 280 ℃的高温层,并向罐的底部传热,积水层迅速蒸发而发生的。

油品发生沸溢后,如果没有采取积极的安全措施或者是灭火不当,热区的温度逐渐升高。当热波达到水垫层时,导致水大量蒸发,蒸汽的体积迅速膨胀,把上面的液体层抛向空中,向罐外喷射,这种现象叫喷溅,其伤害程度更大。

在我国发生的油罐火灾中,亦曾出现沸溢和喷溅现象的案例。据报道,某地一个直径为 11.28 m、深 5.6 m、容量 450 t 的原油贮罐发生火灾,在 8 h 的燃烧过程中,发生多次沸溢,最大的一次喷溅,其最远落点达 120 m,造成大面积燃烧,沸溢时最大火柱高达 80 m。

尽管油罐沸溢和喷溅火灾给人类生命财产造成巨大的危害,但至今人们对沸溢和喷溅现象的认识,还仅仅是初步的。随着科学技术的进步与发展,应用现代火灾科学的原理和方法,研究沸溢和喷溅的形成规律,弄清其发生的基本条件、影响因素,寻求监测预报沸溢前兆的途径,将为有效地防止和预测沸溢和喷溅火灾的发生,正确地制定灭火战术,并为贮罐安全工程设计,提供可靠的科学依据。

(一)沸溢火灾的特点

研究结果表明,沸溢的基本特点有如下几方面:

(1)沸溢通常发生在接近燃烧过程的结束;

(2)沸溢发生前表现出明显的征兆,诸如液滴微爆的噪声、火焰大尺度的脉动、含水层激烈沸腾引起的罐体振动等;

(3)沸溢时,燃烧速率和热辐射急剧增加;

(4)沸溢发生时,大量的油品外溢;

(5)火焰结构发生急剧变化,例如,火焰高度大幅度增高,火焰形状与初始稳态燃烧时大不相同,发烟量亦大为增加。

(二)沸溢发生机理及过程

实验发现,导致油罐火灾沸溢的原因是油层内热区(亦称高温层)的形成和发展。霍尔最早提出热区的概念。他认为油罐火灾发生沸溢现象必须具备如下三个条件:油品中含有水;随着油品燃烧的进行,重质组分能携带热能往油层深度方向沉降;油品具有一定的黏性。

霍尔依据第二个条件,进一步提出了油罐火灾热区形成的物理模型。根据该模型,热区的形成可以通过油罐内发生的传热过程加以解释。可以将燃烧着的油品划分为四个子区域:火焰区、可燃蒸气层、热区和常温区。蒸馏作用产生的可燃蒸气,供给火焰区燃烧。该层下面是比可燃蒸气层温度低的热区,热区的下面是冷的油层,即常温区,这一区域油品的状态与未燃之前完全相同。在油罐的底部,还有水和沉淀物。

可燃蒸气层的温度高,随着温度的上升,其密度下降。当蒸馏作用使油品中的轻质组分挥发,进入火焰区燃烧时,残留的重质组分由于其密度更大,携带着热能往油层深度方向沉降,并将热传递给较低温度的油品,于是形成热区。在热区与常温区的界面上,高温油层与常温油层中的挥发分、悬浮在油中的水分接触,开始沸腾而产生气泡,沸腾又引起这部分的油混合,使得常温区的油品温度随着热区温度的升高而升高。

Burgoyne 等人在霍尔模型的基础上,通过实验对油品进行分类,来研究热区的形成。他们根据能否形成热区来划分油品。20 世纪 80 年代,长谷川进行了一系列油罐火灾的实验研究,修正并发展了霍尔等人的热区理论。他使用重油、轻油、煤油、汽油以及它们的混合油,油罐变换用 15 种不同材料制成,其直径在 65 ~ 1 250 mm。在多种条件下,进行了油温、油的密度、燃烧速度和热区传播速度的测定,开展了热区的照相观测以及热区与常温区界面振动的研究、沸溢现象的研究等。

通过实验观测热区的状态,在燃油表面及其附近,能观测到随着油面的波动,气泡在闪烁。这一薄层称为上热区,它比热区的温度更高。在热区内部,几乎处处在产生分散的气泡,气泡迅速地向油面浮升,并在上升运动过程中长成更大的气泡。气泡的产生、上升和长大,引起热区连续、强烈的对流。热区与常温区之间的界面是上下波动的弯曲表面,即该界面连续振荡,由于界面的这种振荡以及通过界面的热交换,使常温区的新鲜油品稳定地卷吸进入热区内。

研究中还发现,储罐火灾燃烧速率受罐体材料的影响很小,但随油罐直径的变化而变化。热区的生成与容器的几何尺寸及材料有关,罐直径在 200 ~ 800 mm 的钢质容器和内壁贴有石棉的容器能形成热区。总结此项研究结果,可以归纳如下几点:

(1)热区的形成与油品的沸点范围有关,重油的热区形成更为显著。

(2)整个热区发生沸腾,气泡生成、长大、浮升引起连续强烈的对流运动。

(3)直径小于 800 mm 的油罐中,其热区的形成与罐体的材料及直径有关。

(4)直径在 900 mm 以上的油罐,其热区的形成主要取决于燃油的温度和在该温度下的蒸馏作用。

(5)热区传播速率与热区、常温区界面上的振荡相关,这种振荡强化了传热传质过程。

综上所述,关于热区形成机理的讨论可以总结如下:热区是在宽沸程的油品中形成的。油品由于受高温火焰的热作用,发生蒸馏现象,低沸点的组分汽化供给火焰区燃烧,高沸点的组分则残留下来形成热区。在热区中气泡生长、长大和上升引起的对流运动,影响热区在油层深度方向的传播速率。由于高温热区和常温区的温差导致密度差较大,热区与常温区之间界面不稳定,产生了界面的振荡,这种振荡作用加强了传热传质过程,促进了热区的传播。总之,在油品中含有水分、油品的黏性、油品宽的沸点范围,是构成热区形成的基本因素。

(三)沸溢和喷溅的早期预测

在油罐火灾中,沸溢发生之前往往表现出种种的征兆。因此,做好沸溢前兆的监测预报,对迅速扑救油罐火灾,防止灾情的蔓延扩大,并保证灭火人员和灭火器材在沸溢到来之前安全撤离火场,具有重要的意义。油罐火灾时热区是否正在形成,一旦形成,热区下降到油罐的什么位置,弄清这些问题是预测沸溢现象何时发生的关键。实践中监视油罐火灾热区形成的方法有:

①如果事先已判明热区的下降速度,那么,从火灾延续的时间可以推算热区的位置。

②有时也可以通过在油罐的外壁注上水,根据水蒸气产生的情况判定热区的位置。

由于方法①必须知道热区的下降速度,然而热区的下降速度随油品种类、灾情、油罐的大小、风的大小而有所不同,因此,不同的实验者有不同的测定值。

通常,预测沸溢现象的产生必须远离油罐。因此,更为有效的途径是监测沸溢前兆,及时作出预报。沸溢火灾在发生之前,有明显的征兆:液滴在油面上跳动并发出"啪叽啪叽"的微爆噪声,燃烧出现异常,火焰呈现大尺度的脉动、闪烁,油罐开始出现振动等,往往是在这些异常现象出现之后的数秒到数十秒发生沸溢。

通过在火灾环境中检测液滴微爆噪声,是沸溢前兆监测预报中较为方便、有效的方法之一。液滴微爆噪声经传感器送入声—电转换单元模块,然后进入信号适调器滤除环境噪声和电子噪声,并将沸溢前兆信号放大。该信号可以直接记录、保存、再现;也可由示波器显示、分析信号的波形,测定微爆噪声的振幅特性等。液滴微爆噪声信号进而还可以经过 A/D 转换器,输入微型计算机,在时域和频域,对信号进行计算、分析和处理,获取液滴微爆噪声信号幅度、频率等的变化规律以及频谱结构等,并将所得结果与同时记录的沸溢前的火焰结构等实验资料关联起来,为沸溢前兆的准确识别提供有价值的技术数据。

此外,还可以通过检测沸溢前的油罐振动特性以及测定沸溢前的火焰结构,监测预报沸溢火灾发生的可能性。

一般情况下,发生沸溢要比发生喷溅的时间早得多。发生沸溢的时间与原油种类、水分含量有关。根据实验,含有 1% 水分的石油,经 45～60 min 燃烧就会发生沸溢。喷溅的发生时间与油层厚度、热区移动速度以及油的燃烧线速度有关。

油罐火灾在出现喷溅前,通常会出现以下现象:油面蠕动、涌涨,火焰增大、发亮、发白,可见油沫 2～4 次,油烟的颜色由浓变淡,伴随剧烈的"嘶嘶"声等。金属油罐会发生罐壁颤抖,伴有强烈的噪声(液面剧烈沸腾和金属罐壁变形所引起的),烟雾减少,火焰更加发亮,火舌尺寸更大,火舌形似火箭。当油罐发生喷溅时,能把燃油抛出 70～120 m,不仅使火灾猛烈发展,而且严重危及扑救人员的生命安全。因此,应及时组织撤退,以减少人员伤亡。

📖 **思考题**

1. 试阐述同类液体闪点变化的规律。

2. 阐述爆炸温度极限的定义及其影响因素。

3. 阐述沸溢和喷溅的早期预测以及它们之间的区别。

第六节　粉尘爆炸

📖 **学习目标**

1. 了解可燃粉尘及其特性。

2. 掌握粉尘爆炸及危害。

3. 掌握粉尘爆炸的主要影响因素。

📖 **能力目标**

1. 能够控制粉尘爆炸的条件。

2. 能够将粉尘爆炸的预防与控制应用于生产实际。

一、可燃粉尘及其特性

(一)可燃粉尘

凡颗粒极微小,遇点火源能够发生燃烧或爆炸的固体物质,称为可燃粉尘。按照动力性能可分为悬浮粉尘和沉积粉尘,悬浮粉尘具有爆炸危险,沉积粉尘具有火灾危险。按照燃烧性能可分为易燃粉尘、可燃粉尘、难燃粉尘。易燃粉尘如糖粉、淀粉、可可粉、木粉、小麦粉、硫粉、茶粉、硬橡胶粉等;可燃粉尘如米粉、锯木屑、皮革屑、丝、虫胶粉等;难燃粉尘如炭黑粉、木炭粉、石墨粉、无烟煤粉等。按照其来源常分为金属粉尘、煤炭粉尘、轻纺原料产品粉尘、合成材料粉尘、粮食粉尘、农副产品粉尘、饲料粉尘、木材产品粉尘等八类。各种常见可燃粉尘的爆炸特性见表7-14。

表 7-14 各种常见可燃粉尘的爆炸特性

粉尘名称	悬浮粉尘的自燃点/℃	爆炸下限/(g·m⁻³)	最大爆炸压力/(×10⁵Pa)	压力上升速率/(×10⁵Pa·s⁻¹)		最小点火能量/mJ
				平均	最大	
镁	520	20	5.0	308	333	80
铝	645	35~40	6.2	151	399	20
镁铝合金	535	50	4.3	158	210	80
钛	460	45	3.1	53	77	120
硅	775	160	4.3	32	84	900
铁	316	120	2.5	16	30	100
钛铁合金	370	140	2.4	42	98	80
锰	450	210	1.8	14	21	120
锌	860	500	6.9	11	21	900
锑	416	420	1.4	6	55	—
煤	610	35~45	3.2	25	56	40
煤焦油沥青	580	80	3.8	25	45	80
硅铁合金	860	425	2.5	14	21	400
硫	190	35	2.9	49	137	15
玉米	470	45	5.0	74	151	40
牛奶粉	875	7.6	2.0	—	—	—
可可	420	45	4.3	30	84	100
咖啡	410	85	3.5	11	18	160
黄豆	560	35	4.6	56	172	100

续表

粉尘名称	悬浮粉尘的自燃点/℃	爆炸下限/(g·m⁻³)	最大爆炸压力/(×10⁵Pa)	压力上升速率/(×10⁵Pa·s⁻¹)		最小点火能量/mJ
				平均	最大	
花生壳	570	85	2.9	14	245	370
砂糖	410~525	19	3.9	113	352	30
小麦	380~470	9.7~60	4.1~6.6	—	—	50~160
木粉	225~430	12.6~25	7.7	—	—	20
软木	815	30~35	7.0			45
松香	440	55	5.7	133	525	—
硬脂酸铝	400	15	4.3	53	147	15
纸浆	480	60	4.2	36	102	80
棉绒屑	470	35	7.1	140	385	45
酚醛树脂	500	25	7.4	210	730	10
酚醛塑料制品	490	30	6.6	161	770	10
脲醛树脂	470	90	4.2	49	126	80
脲醛塑料制品	450	75	6.4	65	161	80
环氧树脂	540	20	6.0	140	420	15
聚乙烯树脂	410	30	6.0	112	385	10
聚氯乙烯树脂	660	63	—	—	—	8
聚丙烯树脂	420	20	5.3	105	350	30
聚醋酸乙烯树脂	550	40	4.8	35	70	160
聚乙烯醇树脂	520	35	5.3	91	217	120
聚苯乙烯制品	560	15	5.4	105	250	40
双酚A	570	20	5.2	161	455	15
季戊四醇	450	30	6.3	119	665	10
氯乙烯丙烯腈共聚树脂	570	45	3.4	56	112	25

(二)可燃粉尘的特性

可燃粉尘是具有高分散度、很大比表面积、强吸附性和化学活性及较强动力稳定性的固—气非均相体系,其燃烧爆炸危险性大小与这些特性有关。

1. 具有高分散度

在一定粒径范围内,细小粉尘颗粒数占总粉尘颗粒数的百分数,叫作粉尘在该粒径范围的分散度。任何粉尘,不论用什么方法产生,都是由大大小小的粒子组成的。粉尘体系中,如果细小粒子含量越高,粉尘的分散度就越大。粉尘的分散度,可用筛分法来测定,如表7-15 所示。

表 7-15　粉尘的分散度

粉尘名称	以下列粒度大小的尘粒数量以%计						
	到 1 μm	到 2 μm	1~5 μm	2~5 μm	5~10 μm	10~50 μm	50 μm 以上
干切糖时得到的糖粉尘	39.6	—	38.5	—	10.6	10.7	0.6
在距地面 0.5 m 高的制备车间得到的棉花粉尘	—	8.9	—	22.4	12.8	38.7	17.2

从表7-15 中可以看出,在 1~50 μm 的粒径范围内,糖粉尘中细小粒子的含量比棉花粉尘的高,因此糖粉尘的分散度大于棉花粉尘。

粉尘的分散度不是固定的,它因条件的不同而异。不同物质在不同条件下产生的粉尘分散度不同;空气湿度越大,会使粒度很小的粉尘被吸附在水蒸气表面而降低分散度;在空间中不同高度处的粉尘分散度也不相同,通常地面附近的粉尘分散度最小,距地面越高,粉尘的分散度越大。

分散度大的可燃粉尘,则比表面积大,化学活性强,能长时间悬浮在空气中,因而燃烧爆炸危险性大。

2. 具有很大的比表面积

粉尘的比表面积,主要决定于粉尘的粒度。同一体积的物体,粒度越小,表面积就越大。表7-16 列出了 1 cm³ 的固体物质,逐渐粉碎为小颗粒时,其表面积增加的情况。当然,实际中的粉尘粒子并非正方体,而是呈不规则的形状,粒子大小也不同,但粒度越小,表面积越大,比表面积也就越大。

表 7-16　粒度与表面积的关系

正方体的边长/cm	颗粒数量	表面积/cm²
1	1	6
0.1	10^3	60
0.01	10^6	600
0.001	10^9	6 000
0.000 1	10^{12}	60 000

3. 具有很强的吸附性和化学活性

任何物质的表面都具有能把其他物质吸向自己的吸附作用。这是因为,对于物体内部的分子,四周都被具有相等吸引力的分子所包围,而处于平衡状态,而表面分子只是在它的旁边和内侧受到具有相同吸引力的分子的吸引,有一部分吸引力没有得到满足,这种不饱和力叫作剩余力,剩余力是造成表面吸附作用的主要原因。

可燃粉尘有很大的比表面积,必然具有很强的吸附作用,可大量吸附空气中的氧气与之接触并反应,化学活性大大增强,反应速率增快,燃烧爆炸的危险性增大。例如很多金属,像Al、Mg、Zn等在块状时一般不能燃烧,而呈粉尘时,不仅能燃烧,若悬浮于空气中达到一定浓度时,还能发生爆炸。

4. 具有较低的自燃点

就同一种可燃粉尘而言,粒度越小,化学活性越强,自燃点越低。而且,沉积粉尘的自燃点比悬浮粉尘的自燃点低,如表7-17所示。这是由于悬浮粉尘粒子间距比沉积粉尘粒子间距大,因而在氧化过程中热损失增加,导致悬浮粉尘的自燃点高于沉积粉尘的自燃点。

表 7-17　常见可燃粉尘的自燃点

粉尘名称	自燃点/℃		粉尘平均粒径/μm
	沉积粉尘(厚5 mm)	悬浮粉尘	
铝粉(含油)	230	400	10 ~ 20
镁粉	340	470	5 ~ 10
锌粉	430	530	10 ~ 15
米粉	270	410	50 ~ 100
小麦谷物粉	290	420	15 ~ 30
可可子粉(脱脂品)	245	460	30 ~ 40
烟草纤维	290	485	50 ~ 100
木质纤维	250	445	40 ~ 80
烟煤粉	235	595	5 ~ 10
炭黑	535	690	10 ~ 20

5. 具有较强的动力稳定性

粉尘始终保持分散状态而不向下沉积的特性称为动力稳定性。

粉尘悬浮在空气中同时受到两种作用,即重力作用与扩散作用。重力作用使粉尘不断沉降,而扩散作用会使粉尘有向空间中均匀分布的趋势。粒度较大的粉尘因扩散速率较慢,不足以抗衡重力的作用,而产生了沉积,粒度越大,沉积速率越快。而对于粒度较小的粉尘,在受重力作用下降的同时,扩散作用使之向空间中分布均匀,这样,粉尘浓度就随高度有一定的分布,在高处要比低处小。当粉尘粒度小到一定程度以后,扩散作用与重力作用平衡,粉尘就不会沉降了。

粒度大小是粉尘动力稳定性的决定性因素,分散度越大,粒度越小,动力稳定性越强。

当粉尘的分散度越大,粒子半径越小,其扩散系数就越大,说明粉尘的动力稳定性越强。

二、粉尘爆炸及危害

(一)粉尘爆炸的条件

粉尘爆炸与一般物质的燃烧一样,应具备三个基本条件,即可燃性、氧化剂和点火源。除此之外,要产生具有一定危害的粉尘爆炸,还应具备两个条件,即粉尘的悬浮扩散与有限空间。将粉尘的五个基本条件称为爆炸五角形,如图7-8所示。

图7-8 粉尘爆炸五角形

1. 粉尘本身要具有可燃性

在一般条件下,并非所有的可燃粉尘都能发生爆炸。金属粉尘能在燃烧过程中因急剧反应并放出巨大热量,使空气迅速升温膨胀,因此具有爆炸性。而非金属可燃粉尘在空气中发生爆炸时,只能燃尽由粉尘分解出的可燃气体,所含的炭渣却来不及燃尽,这是和可燃气体(蒸气)在空气中燃烧爆炸的不同之处。因此,非金属可燃粉尘是否能释放出可燃气体是决定其爆炸性的关键。像无烟煤、焦炭、石墨、木炭、炭黑等粉尘基本不含挥发分,故发生爆炸的可能性较小。

2. 氧化剂

大多数粉尘需要氧气、空气或其他氧化剂做助燃剂。对于一些自供氧的粉尘如 TNT 粉尘可以不需要外来的助燃剂。

3. 有足够的点火能量

可燃粉尘发生燃烧爆炸,往往首先需要被加热,或熔融蒸发,或受热分解,放出可燃气体,其过程比气体燃烧复杂,着火感应期也更长,可达数十秒。因此,可燃粉尘爆炸需要较多的能量,其最小点燃能量一般为 10 ~ 100 mJ,比可燃气体的最小点火能量大 $10^2 \sim 10^3$ 倍。

4. 为悬浮粉尘,且达到爆炸浓度极限

沉积的可燃粉尘是不会爆炸的,只有悬浮在空气中的可燃粉尘才可能发生爆炸。能够发生爆炸的悬浮粉尘同可燃气体(蒸气)一样,浓度必须处于一定的范围内才能发生爆炸,即有一个爆炸浓度下限和一个爆炸浓度上限,单位用"g/m^3"表示。

可燃粉尘的爆炸浓度下限,一般在设备中或接近它的发源处才能够形成,但也不排除在生产厂房内形成的可能性。至于爆炸浓度上限,因为数值太大,以至于在大多数场合都不会达到,所以没有多大实际意义。例如糖粉的爆炸上限为 13 500 g/m^3,这在一般条件下是很难达到的,只有沉积粉尘受冲击波的作用才能形成如此高的悬浮粉尘浓度。所以,可燃粉尘的爆炸极限通常只给出爆炸浓度下限。

5. 有限空间

粉尘在封闭的设备或建筑物内悬浮，一旦被点火源引燃，有限空间内的温度和压力迅速升高而引起爆炸。但是，有些粉尘即使在开放的空间内也能引起爆炸，这类粉尘由于化学反应速率极快，其化学反应引起压力升高的速率远大于粉尘云边缘压力释放的速率，因此仍然能引起破坏性的爆炸。

（二）粉尘爆炸的过程

粉尘爆炸有两种机理，一种机理是粉尘受热后释放可燃气体发生燃烧和爆炸，称为Ⅰ型粉尘爆炸；另一种机理是粉尘粒子接受火源的热量后直接与氧化剂发生剧烈的氧化反应，称为Ⅱ型粉尘爆炸。

对于Ⅰ型粉尘爆炸表现形式与气体爆炸相似，但与气体爆炸时燃气分子直接参与反应不同。可燃粉尘发生反应前，需要经历一定的物理、化学变化，爆炸过程相对复杂，一般说来，Ⅰ型粉尘爆炸包括如下几个步骤，如图7-9所示。

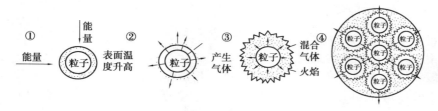

图7-9 粉尘爆炸过程示意图

（1）悬浮粉尘在热源作用下温度迅速升高；

（2）粉尘粒子表面的分子在热作用下发生热分解或者干馏，在粒子周围产生可燃气体；

（3）粒子周围产生的可燃气体被点燃，形成局部小火焰；

（4）粉尘燃烧放出热量，以热传导和火焰辐射方式传给附近原来悬浮着的或被吹扬起来的粉尘，这些粉尘受热汽化后使燃烧循环持续进行下去，随着每个循环的逐次加快进行，其反应速率也逐渐增大，通过激烈的燃烧，最后形成爆炸。

从粉尘爆炸的过程来看，Ⅰ型粉尘爆炸从本质上讲也是一种气体爆炸。

对于Ⅱ型粉尘爆炸，在爆炸过程中不释放可燃气体，粉尘粒子受热后直接与空气中的氧气发生氧化反应，产生的反应热使火焰传播。在火焰传播过程中，反应热使周围的粉尘和空气加热迅速膨胀，从而导致粉尘爆炸。例如金属粉尘爆炸，由于不能像其他可燃粉尘一样能够发生分解或气化，金属粉尘爆炸主要是由于大量燃烧热迅速加热了周围环境的气体而形成的。

（三）粉尘爆炸的危害

与可燃气体爆炸相比，引起粉尘爆炸的条件要相对困难一些，一旦发生粉尘爆炸，则危害往往更为严重。

1. 高压作用时间长，破坏力强

与可燃气体爆炸相比，可燃粉尘爆炸时的燃烧速率和产生的最大爆炸压力都要略小一些，但因粉尘密度比气体大，且燃烧时间长，爆炸压力上升速率和下降速率都较慢，所以压力与时间的乘积（即爆炸释放的能量）较大，加上粉尘粒子边燃烧边飞散，爆炸的破坏性和对周围可燃物的烧损程度也更为严重。粉尘爆炸所产生的能量以最大值进行比较,是气体爆炸的数倍,温度可上升至 2 000 ~ 3 000 ℃。

2. 产生二次爆炸,危害巨大

可燃粉尘初始爆炸产生的气浪会使沉积粉尘扬起,在新的空间内达到爆炸浓度而产生二次爆炸。另外,在粉尘初始爆炸地点,空气和燃烧产物受热膨胀,密度变小,经过极短的时间后形成负压区,新鲜空气向爆炸点逆流,促使空气的二次冲击,若该爆炸地点仍存在粉尘和火源,也有可能发生二次爆炸、多次爆炸。二次爆炸往往比初次爆炸压力更大,破坏更严重。

3. 燃烧不充分,产物毒性大

可燃粉尘爆炸由于时间短,粉尘粒子不可能完全燃烧,有些沉积粉尘还有阴燃现象。因此粉尘爆炸后,在爆炸产物中含有大量的 CO 及分解产生的 HCl、HCN 等,产物毒性比较大,易使人员中毒。

三、粉尘爆炸的主要影响因素

各种因素对粉尘爆炸的影响主要体现在对爆炸特性参数的影响上,在分析和解决实际的粉尘爆炸问题时,要考虑如下几个主要方面的影响因素。

(一)粒度

粒度是可燃粉尘爆炸的重要影响因素。粒度越小,分散度越大,表面积越大,化学活性越强,在空气中悬浮的时间也更长,氧化反应速率也就越快。因此,就越容易发生爆炸,其最小点火能量和爆炸浓度下限更低,爆炸浓度范围扩大,最大爆炸压力及上升速率也越大,爆炸危险性和破坏性增加。

如果粉尘的粒度过大,它就会因此失去爆炸性。如粒径大于 400 μm 的聚乙烯、面粉及甲基纤维素等粉尘不能发生爆炸;而多数煤粉尘粒径小于 100 μm 时才具有爆炸能力。

可燃粉尘的粒度与点燃能量的关系,如图 7-10 所示。

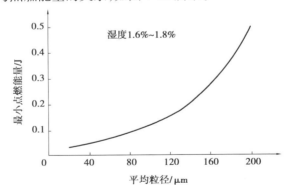

图 7-10　可燃粉尘的粒度与点燃能量的关系

粉尘粒度与爆炸压力的关系见表 7-18、表 7-19。

表 7-18　粉尘粒度与爆炸压力的关系

粉尘	压力/(×10⁵Pa)					
	20 μm	25 μm	30 μm	40 μm	50 μm	60 μm
木材	1.266	—	1.25	—	1.07	0.70
马铃薯淀粉	1.0	—	0.96	—	0.88	0.76
石炭	—	—	0.86	—	0.71	0.27
小麦粉	—	1.03	—	0.96	—	0.66

表 7-19　不同粒度铝粉的爆炸压力

铝粉粒径/μm	浓度/(g·m⁻³)	压力/kPa
0.3	70	1 074
0.6	70	871.4
1.3	70	780.2

(二)燃烧热

燃烧热高的可燃粉尘,其爆炸浓度下限低,一旦发生爆炸即呈高温高压,爆炸威力大。如图 7-11 所示。

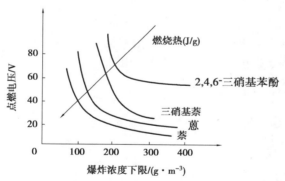

图 7-11　粉尘爆炸浓度下限值与燃烧热的关系

(三)挥发组分

粉尘含可燃挥发组分越多,热解温度越低,爆炸危险性和爆炸产生的压力越大。一般认为,煤尘可燃挥发组分小于 10% 的,基本上没有爆炸危险性。

(四)灰分和水分

可燃粉尘中的灰分(即不燃物质)和水分的增加,其爆炸危险性便降低。因为,它们一方面能较多地吸收体系的热量,从而减弱粉尘的爆炸性能;另一方面灰分和水分会增加粉尘的密度,加快其沉降速率,使悬浮粉尘浓度降低。实验表明,煤尘中含灰分达 30% ~40% 时不爆炸。目前煤矿所采用的岩粉棚和布撒岩粉,就是利用灰分能削弱煤尘爆炸这一原理来制止煤尘爆炸的。

（五）氧含量

氧含量是粉尘爆炸敏感的因素,随着空气中氧含量的增加,爆炸浓度范围也扩大。在纯氧中,粉尘的爆炸浓度下限下降到只有空气中的 $1/4 \sim 1/3$,而能够发生爆炸的最大颗粒尺寸则可增大到空气中相应值的 5 倍,如图 7-12 所示。

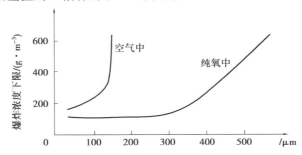

图 7-12　粉尘爆炸浓度下限与粒径及氧含量的关系

粉尘爆炸压力随空气中氧含量的增加而增加,如图 7-13 所示。

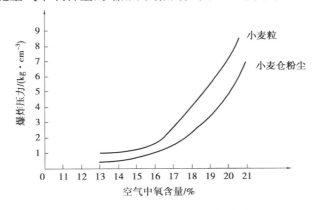

图 7-13　氧含量和粉尘爆炸压力的关系

（六）空气湿度

空气湿度增加,粉尘爆炸危险性减小。因为湿度增大,有利于消除粉尘静电和加速粉尘的凝聚沉降。同时水分的蒸发消耗了体系的热能,稀释了空气中的氧含量,降低了粉尘的燃烧反应速率,使粉尘不易爆炸,如图 7-14 所示。

（七）可燃气体含量

当粉尘与可燃气体共存时,粉尘爆炸浓度下限相应下降,且最小点燃能量也有一定程度的降低,即可燃气体的出现,大大增加了粉尘的爆炸危险性。图 7-15 表示出了甲烷含量对煤尘爆炸浓度下限的影响。从图中可见,煤尘的爆炸浓度下限随甲烷含量的增加而直线下降。

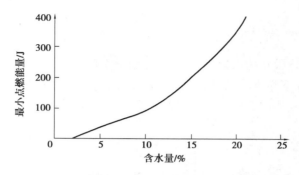

图 7-14 空气湿度对粉尘爆炸的点火能量的影响

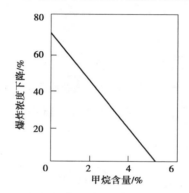

图 7-15 甲烷含量对煤尘爆炸浓度下限的影响

(八)温度和压强

当温度升高或压强增加时,粉尘爆炸浓度范围会扩大,所需点燃能量下降,所以危险性增大。

(九)点火源强度和最小点燃能量

点火源的温度越高、强度越大,与粉尘混合物接触时间越长,爆炸范围就变得更宽,爆炸危险性也就更大。

每一种可燃粉尘在一定条件下,都有一个最小点燃能量。若低于此能量,粉尘与空气形成的混合物就不能起爆。粉尘的最小点燃能量越小,其爆炸危险性就越大。

四、粉尘爆炸的预防与控制

(一)粉尘爆炸的预防

掌握了粉尘爆炸的危害及影响因素,在消防工作中就可采取相应的预防措施。根据实践,通常可采取以下措施。

1. 控制粉尘在空气中的浓度

应采用密闭性能良好的设备,尽量减少粉尘飞散逸出;要安装有效的通风除尘设备,加强清扫工作,及时清除电机、灯具、墙壁上和地沟中的粉尘。

2. 控制室内湿度

粉尘爆炸通常发生在室内或容器内,如果设法使室内或容器中的相对湿度提高到65%

以上,将可减少粉尘飞扬,消除静电,避免爆炸。

3.改善设备、控制火源

凡是粉尘爆炸危险场所属 G-1 级,故应采用防爆电机、防爆电灯、防爆开关等防爆电气设备;不许进行明火作业,不准吸烟,不准穿带钉子的鞋。要注意防止金属物件或砂石混进机器内撞击摩擦而产生火花;每台机器都必须接地,以防静电。

4.控制温度和含氧浓度

要对机器设备经常测温,防止摩擦发热。凡有粉尘沉积的容器,要有降温措施;必要时还可充入惰性气体(如 N_2),以冲淡氧气的含量。

5.防止二次爆炸的发生

在扑救粉尘火灾中,应注意不要使沉积粉尘飞扬起来,不宜用 CO_2 之类带有冲击力的灭火剂灭火,最好采用喷雾水流,以防发生二次爆炸。

(二)粉尘爆炸的控制

对可能发生粉尘爆炸的场所和设施,常用的控制方式有以下三种。

1.增强装置的强度

这种方法只适用于比较小的装置,通过提高装置自身的强度,使之能承受住最大爆炸压力的破坏,并且要考虑防止爆炸火焰通过连接处向外传播。

2.设置爆炸泄压

这是较为方便和经济的方法,是首先可选择的方案。在设备或厂房的适当部位设置泄压装置,借此可以向外排放爆炸初期的压力、火焰、粉尘和产物,从而降低爆炸压力,减小爆炸损失,如图 7-16 所示。

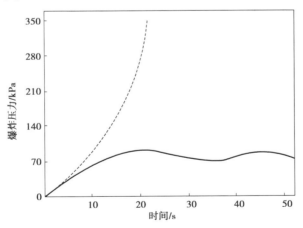

图 7-16　防爆泄压原理图

采用防爆泄压技术,必须注意考虑粉尘爆炸的最大压力和最大升压速率,此外还应考虑设备或厂房的容积和结构,以及泄压面的材质、强度、形状及结构等。用作泄压面的设施有爆破板、旁门、合页窗等;用作泄压面的材料有金属箔、防水纸、防水布或塑料板、橡胶、石棉板、石膏板等。而最重要的问题是防爆泄压面积大小的确定。

目前确定泄压面积的方法有多种,但无论采用哪种方法,泄压面积都应适当加大,因为泄压面材料本身的爆破可能干扰粉尘爆炸,并使爆炸的剧烈程度增加。

通常采用的确定泄压面积或泄压比的方法有:以最大爆炸压力确定泄压比;以设备或建筑物体积为主确定泄压比。具体结果见表 7-20。

表 7-20　设备与建筑物的泄压比

设备与建筑物种类	泄压比 m^2/m^3
28.32 m^3 以下轻量结构的机械与炉灶	0.33 ~ 0.11
28.32 m^3 以下可承受强压的机械与炉灶	0.11
28.32 ~ 707.92 m^3 的房间、建筑物、储槽、容器等(该种情况必须考虑爆炸点与泄压孔的相对位置以及可能发生爆炸的体积)	0.11 ~ 0.07
707.92 m^3 以上的房间、危险装置仅占建筑物的小部分 (1)钢筋混凝土壁 (2)轻量混凝土、砖瓦或木结构 (3)简易板压结构	0.04 0.05 ~ 0.04 0.07 ~ 0.05
707.92 m^3 以上的大房间,危险装置占其大部分者	0.33 ~ 0.07

以升压速率为主确定泄压面积。用这种方法进行泄压设计时要考虑爆炸强度、泄压后的爆炸压力(即泄压后设备内所能达到的最大爆炸压力)、停止动作压力(即爆破板破裂时的静止工作压力)。

3.抑制爆炸

这种方法主要应用于有毒粉尘或不能开泄压口的装置。粉尘爆炸抑制装置能在粉尘爆炸初期迅速喷洒灭火剂,将火焰熄灭,遏止爆炸发展。它由爆炸探测机构和灭火剂喷洒机构组成,前者必须反应迅速、动作准确,以便快速探测爆炸的前兆并发出信号;后者接受前者发出的并经过扩大的信号后,立即启动,喷洒灭火剂。

粉尘爆炸抑制装置的结构及其作用效果如图 7-17 所示。

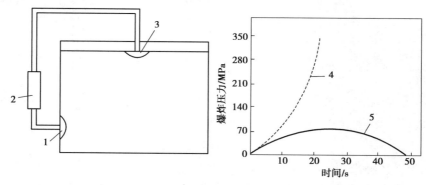

图 7-17　粉尘爆炸抑制装置的结构及其作用效果
1—压力传感器;2—扩大器;3—抑制器;4—正常爆炸压力曲线;5—抑制后爆炸压力曲线

📖 思考题

1. 阐述可燃粉尘的特性。

2. 阐述粉尘爆炸的条件及危害。

3. 如何进行粉尘爆炸的预防与控制？

附　录

附录一　火灾分类（GB/T 4968—2008）

1. 范围

本标准根据可燃物的类型和燃烧特性将火灾定义为六个不同的类别。

本标准适用于选用灭火器灭火等灭火和防火领域。

2. 火灾分类的命名及其定义

下列命名是为了划分不同性质的火灾，并依此简化口头和书面表述。

A 类火灾：固体物质火灾。这种物质通常具有有机物性质，一般在燃烧时能产生灼热的余烬。

B 类火灾：液体或可熔化的固体物质火灾。

C 类火灾：气体火灾。

D 类火灾：金属火灾。

E 类火灾：带电火灾。物体带电燃烧的火灾。

F 类火灾：烹饪器具内的烹饪物（如动植物油脂）火灾。

附录二　物质防火防爆安全参数

名称	爆炸危险度 H	最大爆炸压力 ×10⁵Pa	爆炸极限（体积%）		闪点/℃	自燃点/℃
			下限×1	上限×2		
氢	17.3	7.4	4.1	75	气态	500~571
一氧化碳	4.9	7.3	12.5	74.2	气态	605
二硫化碳	49.0	7.8	1.0	50.0	−30	102
硫化氢	10.5	5.0	4.0	46.0	气态	260
呋喃	5.2	—	2.3	14.3	−35	390
噻吩	7.3	—	1.5	12.5	−1	395
吡啶	5.9	—	1.8	12.4	20	482
尼古丁	4.7	—	0.8	4.0	—	244
奈	5.5	—	0.9	5.9	78.9	526
顺奈	6.0	—	0.7	4.9	61	260
四乙基铅	—	—	1.8	—	93.3	127
煤气	7.9	7.0	4.5	40.0	气态	648.9
汽油	4.8	8.5	1.3	7.6	−58~10	250~530
煤油	6.1	8.0	0.7	5.0	≥30	210
航空汽油	4.4	8.0	1.4	7.6	−37~−42	439~471
柴油	9.8	7.5	0.6	6.5	—	—
甲烷	2.0	7.2	5.0	15.0	−218	537
乙烷	3.2	—	3.0	12.5	−135	472
丙烷	3.5	8.6	2.1	9.5	−104	450
丁烷	3.5	8.6	1.9	8.5	−60	287
戊烷	4.2	8.7	1.5	7.8	−48	260
己烷	5.8	8.7	1.1	7.5	−21.7	225
庚烷	5.4	8.6	1.1	6.7	46	210
辛烷	5.5	—	1.0	6.5	12	210
壬烷	2.6	—	0.8	2.9	31	205
癸烷	5.8	7.5	0.8	5.4	46	210

续表

名称	爆炸危险度 H	最大爆炸压力 ×10⁵Pa	爆炸极限（体积%）		闪点/℃	自燃点/℃
			下限×1	上限×2		
硝基甲苯	7.9	—	7.1	63.0	35	418
氯甲烷	1.1	—	8.1	17.4	−46	632
二氯甲烷	0.6	5.0	14	22	−4	556
氯乙烷	3.1	—	3.6	14.8	−50	519
1,1-二氯乙烷	1.0	—	5.6	11.4	−17	458
正氯基丁烷	4.3	8.8	1.9	10.1	−9	460
2-甲基戊烷	6.0	—	1.0	7.0	−32	264
2,2 二甲基戊烷	7.3	—	1.0	8.3	−9.44	337
环丙烷	3.3	—	2.4	10.3	−94	500
环丁烷	4.6	—	1.8	10	10	—
环己烷	5.5	8.6	1.3	8.4	−18	245
环氧乙烷	32.3	9.9	3.0	100.0	−29	429
乙烯	12.3	8.9	2.7	36.0	−135	450
丙烯	3.3	8.6	2.4	10.3	−108	460
丁烯	5.3	—	1.6	10.0	−80	385
戊烯	5.2	—	1.4	8.7	−28	275
1,3-丁二烯	13.8	7.0	1.1	16.3	−76	415
苯乙烯	6.6	6.6	0.9	6.8	31	490
2-氯丙烯	2.6	—	4.5	16.0	−34	—
顺-2-丁烯	4.3	—	1.7	9.0	−73	324
乙炔	31.8	103	2.5	82.0	−17.7	305
丙炔	5.9	—	1.7	11.7	<−30	340.15
1-丁炔	5.0	—	1.1	6.6	<−6.7	—
苯	5.7	9.0	1.2	8.0	−11	560
甲苯	5.5	6.8	1.1	7.1	4	480
乙苯	5.7	—	1.0	6.7	12.8	432
异丙苯	6.2	—	0.9	6.5	31	424
丁基苯	6.3	—	0.8	5.8	60	410
1,3-二甲苯	5.4	7.8	1.1	7.0	25	527
均三甲苯	5.4	—	1.0	6.0	44	550

名称	爆炸危险度 H	最大爆炸压力 ×10⁵Pa	爆炸极限（体积%）		闪点/℃	自燃点/℃
			下限×1	上限×2		
联苯	8.7	—	0.6	5.8	113	540
甲醇	5.1	7.4	6.0	36.5	12.2	464
乙醇	4.8	7.5	3.3	19.0	17	363
正丙醇	5.4	—	2.1	13.5	15	371
丁醇	7.1	7.5	1.4	11.3	29	360
异戊醇	6.5	—	1.2	9.0	43	347
乙二醇	3.8	—	3.2	15.3	111	398
氯乙醇	2.2	—	4.9	15.9	60	425
异戊醇	6.5	—	1.2	9.0	43	347
甲醛溶液	9.4	—	7.0	73.0	50	300
乙醛	13.3	7.3	4.0	57.0	−39	175
丙醛	5.5	—	2.6	17.0	−30	207
丁醛	5.6	6.6	1.9	12.5	−22	218.3
苯甲醛	5.1	—	1.4	8.5	63	192
2-丁烯醛	6.4	—	2.1	15.5	13	232
糠醛	8.2	—	2.1	19.3	60	315
甲酸甲酯	2.4	—	5.9	20.0	−19	449
甲酸乙酯	5.1	—	2.7	16.5	−20	455
甲酸丁酯	3.7	—	1.7	8.0	17.7	322.5
甲酸异戊酯	5.7	—	1.2	8.0	30	—
乙酸甲酯	4.2	8.8	3.1	16.0	−10	454
乙酸乙酯	4.2	8.7	2.2	11.5	−4	426.7
乙酸异丙酯	3.3	—	1.8	7.8	2	460
乙酸丁酯	5.1	7.7	1.2	7.6	22	421
乙酸叔丁酯	4.6	—	1.3	7.3	16.6~22.2	421
丙酸甲酯	4.2	—	2.5	13.0	−2	468
异丁烯酸甲酯	5.0	7.7	2.1	12.5	10	421~435
硝酸乙酯	1.5	>10.5	4	10	10	85
二甲醚	6.9	—	3.4	27.0	−41	350
甲乙醚	4.1	8.5	2.0	10.1	−37	190

续表

名称	爆炸危险度 H	最大爆炸压力 ×10⁵Pa	爆炸极限(体积%)		闪点/℃	自燃点/℃
			下限×1	上限×2		
乙醚	27.8	9.2	1.7	49.0	−45	160~180
二乙烯醚	14.9	—	1.7	27.0	−30	360
二乙丙烯	14.7	8.5	1.4	22	−28	443
二正丁基醚	4.1	—	1.5	7.6	25	194.4
丙酮	4.9	8.9	2.2	13.0	−18	465
2-丁酮	5.4	8.5	1.8	11.5	−9	404
环己酮	7.5	—	1.1	9.4	44	420
氢氰酸	6.1	9.4	5.6	40.0	−17.8	538
乙腈	4.3	—	3.0	16.0	12.8	524
丙腈	3.5	—	3.1	14.0	2	512
丙烯腈	4.7	—	3.0	17.0	−1	481
氨气	0.9	6.0	15.0	28.0	−54	651
甲胺	3.1	—	5.0	20.7	气态	475
二甲胺	4.1	—	2.8	14.4	−20	400
三甲胺	4.8	—	2.0	11.6	气态	190
乙胺	3.0	—	3.5	14.0	−17	385
乙二胺	4.6	—	2.7	16.6	−33.9	385
丙胺	4.2	—	2.0	10.4	−37	317.8
乙酸	3	54	4.0	16	39	426
樟脑	4.8	—	0.6	3.5	65.6	466

附录三　粉尘爆炸危险性参数

物质名称	爆炸下限浓度/$(g \cdot m^{-3})$	最小点火燃能量/mJ
麻	40	30
己二酸	35	60
乙酰纤维素	35	15
铝	25	10
硫黄	35	15
镁	20	40
乙基纤维素	25	10
环氧树脂	20	15
树木(枞树)	35	20
可可树	75	10
橡胶(合成硬质)	30	30
橡胶(天然硬质)	25	50
小麦粉	50	50
小麦淀粉	25	20
大米(种皮)	45	40
软木粉	35	35
糖	35	30
对钛酸二甲酯	30	20
马铃薯淀粉	45	20
煤	35	30
棉花	50	25
肥皂	45	60
紫胶	20	10
纤维素	45	35
玉米	45	40
玉米糊精	40	40
玉米淀粉	40	20

续表

物质名称	爆炸下限浓度/$(g \cdot m^{-3})$	最小点火燃能量/mJ
甘油三硬脂酸铝	15	15
尼龙	30	20
肉桂皮	60	30
仲甲醛	40	20
苯酚甲醛	25	15
季戊四醇	30	10
聚丙烯酰胺	40	30
聚丙烯腈	25	20
聚氨基甲酸乙酯泡沫	25	15
聚乙烯	20	10
聚氧化乙烯	30	30
聚苯乙烯	15	15
聚丙烯	20	25
邻苯二甲酸酐	15	15
木质素	40	20

附录四　消防词汇第 1 部分：通用术语（GB/T 5907.1—2014）

1. 范围

GB/T 5907 的本部分界定了与消防有关的通用术语和定义。

本部分适用于消防管理、消防标准化、消防安全工程、消防科学研究、教学、咨询、出版及其他有关的工作领域。

2. 术语与定义

2.1

消防　fire protection;fire

火灾预防（2.16）和灭火救援（2.60）等的统称。

2.2

火　fire

以释放热量并伴有烟或火焰或两者兼有为特征的燃烧（2.21）现象。

2.3

火灾　fire

在时间或空间上失去控制的燃烧（2.21）。

2.4

放火　arson

人蓄意制造火灾（2.3）的行为。

2.5

火灾参数　fire parameter

表示火灾（2.3）特性的物理量。

2.6

火灾分类　fire classification

根据可燃物（2.49）的类型和燃烧（2.21）特性，按标准化的方法对火灾（2.3）进行的分类。

注：GB/T 4968 规定了具体的火灾分类。

2.7

火灾荷载　fire load

某一空间内所有物质（包括装修、装饰材料）的燃烧（2.21）总热值。

2.8

火灾机理　fire mechanism

火灾（2.3）现象的物理和化学规律。

2.9

火灾科学　fire science

研究火灾(2.3)机理、规律、特点、现象和过程等的学科。

2.10

火灾试验　fire test

为了解和探求火灾(2.3)的机理、规律、特点、现象、影响和过程等而开展的科学试验。

2.11

火灾危害　fire hazard

火灾(2.3)所造成的不良后果。

2.12

火灾危险　fire danger

火灾危害(2.11)和火灾风险的统称。

2.13

火灾现象　fire phenomenon

火灾(2.3)在时间和空间上的表现。

2.14

火灾研究　fire research

针对火灾(2.3)机理、规律、特点、现象、影响和过程等的探求。

2.15

火灾隐患　fire potential

可能导致火灾(2.3)发生或火灾危害增大的各类潜在不安全因素。

2.16

火灾预防　fire prevention

防火

采取措施防止火灾(2.3)发生或限制其影响的活动和过程。

2.17

飞火　flying fire

在空中运动着的火星或火团。

2.18

自热　self-heating

材料自行发生温度升高的放热反应。

2.19

热解　pyrolysis

物质由于温度升高而发生无氧化作用的不可逆化学分解。

2.20

热辐射　thermal radiation

以电磁波形式传递的热能。

2.21

燃烧 combustion

可燃物(2.49)与氧化剂作用发生的放热反应,通常伴有火焰(2.41)、发光和(或)烟气(2.26)的现象。

2.22

无焰燃烧 flameless combustion

物质处于固体状态而没有火焰(2.41)的燃烧(2.21)。

2.23

有焰燃烧 flaming

气相燃烧(2.21),并伴有发光现象。

2.24

燃烧产物 product of combustion

由燃烧(2.21)或热解(2.19)作用而产生的全部物质。

2.25

燃烧性能 burning behaviour

在规定条件下,材料或物质的对火反应(2.42)特性和耐火性能(2.51)。

2.26

烟[气] smoke

物质高温分解或燃烧(2.21)时产生的固体和液体微粒、气体,连同夹带和混入的部分空气形成的气流。

2.27

自燃 spontaneous ignition

可燃物(2.49)在没有外部火源的作用时,因受热或自身发热并蓄热所产生的燃烧(2.21)。

2.28

阴燃 smouldering

物质无可见光的缓慢燃烧(2.21),通常产生烟气(2.26)和温度升高的现象。

2.29

闪燃 flash

可燃性(2.54)液体挥发的蒸气与空气混合达到一定浓度或者可燃性(2.54)固体加热到一定温度后,遇明火发生一闪即灭的燃烧(2.21)。

2.30

轰燃 flashover

某一空间内,所有可燃物(2.49)的表面全部卷入燃烧(2.21)的瞬变过程。

2.31

复燃 rekindle

燃烧(2.21)火焰(2.41)熄灭后再度发生有焰燃烧(2.23)的现象。

2.32

闪点 flash point

在规定的试验条件下,可燃性(2.54)液体或固体表面产生的蒸气在试验火焰(2.41)作用下发生闪燃(2.39)的最低温度。

2.33

燃点　fire point

在规定的试验条件下,物质在外部引火源(2.43)作用下表面起火(2.45)并持续燃烧(2.21)一定时间所需的最低温度。

2.34

燃烧热　heat of combustion

在25 ℃、101 kPa 时,1 mol 可燃物(2.49)完全燃烧(2.21)生成稳定的化合物时所放出的热量。

2.35

爆轰　detonation

以冲击波为特征,传播速度大于未反应物质中声速的化学反应。

2.36

爆裂　bursting

物体内部或外部过压使其急剧破裂的现象。

2.37

爆燃　deflagration

以亚音速传播的燃烧(2.21)波。

注:若在气体介质内,爆燃则与火焰(2.41)相同。

2.38

爆炸　explosion

在周围介质中瞬间形成高压的化学反应或状态变化,通常伴有强烈放热、发光和声响。

2.39

抑爆　explosion suppression

自动探测爆炸(2.38)的发生,通过物理化学作用扑灭火焰(2.41),抑制爆炸(2.38)发展的技术。

2.40

惰化　inert

对环境维持燃烧(2.21)或爆炸(2.38)能力的抑制。

注:例如把惰性气体注入封闭空间或有限空间,排斥里面的氧气,防止发生火灾(2.3)。

2.41

火焰　flame

发光的气相燃烧(2.21)区域。

2.42

对火反应　reaction to fire

在规定的试验条件下,材料或制品遇火(2.2)所产生的反应。

2.43

引火源 ignition source

点火源

使物质开始燃烧(2.21)的外部热源(能源)。

2.44

引燃 ignition

点燃

开始燃烧(2.21)。

2.45

起火 ignite(vi)

着火。

注:与是否由外部热源引发无关。

2.46

炭 char(n)

物质在热解(2.19)或不完全燃烧(2.21)过程中形成的含碳残余物。

2.47

炭化 char(v)

物质在热解(2.19)或不完全燃烧(2.21)时生成炭(2.46)的过程。

2.48

炭化长度 char length

在规定的试验条件下,材料在特定方向上发生炭化(2.47)的最大长度。

2.49

可燃物 combustible(n)

可以燃烧(2.21)的物品。

2.50

自燃物 pyrophoric material

与空气接触即能自行燃烧(2.21)的物质。

2.51

耐火性能 fire resistance

建筑构件、配件或结构在一定时间内满足标准耐火试验的稳定性、完整性和(或)隔热性
的能力。

2.52

阻燃处理 fire retardant treatment

用以提高材料阻燃性(2.56)的工艺过程。

2.53

易燃性 flammability

在规定的试验条件下,材料发生持续有焰燃烧(2.23)的能力。

2.54

可燃性　combustibility

在规定的试验条件下,材料能够被引燃(2.44)且能持续燃烧(2.21)的特性。

2.55

难燃性　difficult flammability

在规定的试验条件下,材料难以进行有焰燃烧(2.23)的特性。

2.56

阻燃性　flame retardance

材料延迟被引燃或材料抑制、减缓或终止火焰传播的特性。

2.57

自熄性　self-extinguishing ability

在规定的试验条件下,材料在移去引火源(2.43)后终止燃烧(2.21)的特性。

2.58

灭火　fire fighting

扑灭或抑制火灾(2.3)的活动和过程。

2.59

灭火技术　fire fighting technology

为扑灭火灾(2.3)所采用的科学方法、材料、装备、设施等的统称。

2.60

灭火救援　fire fighting and rescue

灭火(2.58)和在火灾(2.3)现场实施以抢救人员生命为主的援救活动。

2.61

灭火时间　fire-extinguishing time

在规定的条件下,从灭火装置施放灭火剂(2.68)开始到火焰(2.41)完全熄灭所经历的时间。

2.62

消防安全标志　fire safety sign

由表示特定消防安全信息的图形符号、安全色、几何形状(或边框)等构成,必要时辅以文字或方向指示的安全标志。

注:GB 13495 规定了具体的消防安全标志。

2.63

消防设施　fire facility

专门用于火灾预防(2.16)、火灾报警、灭火(2.58)以及发生火灾时用于人员疏散的火灾自动报警系统、自动灭火系统、消火栓系统、防烟排烟系统以及应急广播和应急照明、防火分隔设施、安全疏散设施等固定消防系统和设备。

2.64

消防产品　fire product

专门用于火灾预防(2.16)、灭火救援(2.60)和火灾(2.3)防护、避难、逃生的产品。

2.65

固定灭火系统　fixed extinguishing system

固定安装于建筑物、构筑物或设施等,由灭火剂(2.68)供应源、管路、喷放器件和控制装置等组成的灭火系统。

2.66

局部应用灭火系统　local application extinguishing system

向保护对象以设计喷射率直接喷射灭火剂(2.68),并持续一定时间的灭火系统。

2.67

全淹没灭火系统　total flooding extinguishing system

将灭火剂(2.68)(气体、高倍泡沫等)以一定浓度(强度)充满被保护封闭空间而达到灭火目的的固定灭火系统(2.65)。

2.68

灭火剂　extinguishing agent

能够有效地破坏燃烧(2.21)条件,终止燃烧(2.21)的物质。

参考文献

[1] 和丽秋.消防燃烧学[M].北京:机械工业出版社,2018.

[2] 徐晓楠,周政懋.防火涂料[M].北京:化学工业出版社,2004.

[3] 公安部消防局.消防安全技术实务[M].2 版.北京:机械工业出版社,2016.

[4] 霍然,胡源,李元洲.建筑火灾安全工程导论[M].2 版.合肥:中国科学技术大学出版社,2009.

[5] 董希琳,消防燃烧学[M].北京:中国人民公安大学出版社,2014.

[6] 徐彧,李耀庄.建筑防火设计[M].北京:机械工业出版社,2015.

[7] 杨玲,孔庆红.火灾安全科学与消防[M].北京:化学工业出版社,2011.

[8] 李炎锋,李俊梅.建筑火灾安全技术[M].北京:中国建筑工业出版社,2009.

[9] 徐晓楠.消防燃烧学基础[M].北京:机械工业出版社,2013.

[10] 张英华,黄志安,高玉坤.燃烧与爆炸学[M].2 版.北京:冶金工业出版社,2015.

[11] 中华人民共和国住房和城乡建设部.建筑设计防火规范:GB 50016—2014 [S].北京:中国计划出版社,2015.

[12] 赵雪娥,孟亦飞,刘秀玉.燃烧与爆炸理论[M].北京:化学工业出版社,2011.

[13] 吴庆洲,建筑安全[M].2 版.北京:中国建筑工业出版社,2021.

[14] 胡源,宋磊,尤飞,等.火灾化学导论[M].北京:化学工业出版社,2007.